100款

最優

健康食物
速查全書

于雅婷、孫平 主編

健康養生堂編委會 編著

推薦序

健康的秘密

俗話説「民以食為天」，食物是人類維持生存和不斷發展的最基本的物質。規律飲食對身體健康至關重要，食物養生也成為中醫養生學的重要組成部分。

中醫認為：「精生於先天，而養於後天。」眾所周知，精藏於腎而養於五臟，精氣足則胃氣盛，腎氣充則體健神旺，這是益壽、抗衰的關鍵。合理安排飲食，選擇適合自身健康的食物，保證機體營養的供給，可以使人體氣血充足、五臟六腑功能旺盛。隨着人體新陳代謝活躍、生命力旺盛，人體抵禦疾病的力量就會強大。

那麼如何做到中醫上的健康飲食呢？首先要選擇適合自己的健康食物。例如老年人可以選擇多食用一些具有防老抗衰作用的食物，像芝麻、核桃、山藥、桂圓等含有抗衰老的物質，有很好的抗衰延壽作用。

其次，飲食要定時、定量。在中國很早就有「早飯宜好，午飯宜飽，晚飯宜少」的説法，這是很有道理的。飲食一定要有節制，無論什麼食物，多麼美味又營養，食多了就會傷身。

此外，飲食健康，還要有正確的進食方式，進食時要細嚼慢嚥。大快朵頤雖然盡興，但是不利於消化，時間長了，會造成肝失條達、抑鬱不舒，進而影響食慾、妨礙消化功能。

本書語言簡練、條理清晰，從營養學、現代醫學和中醫的觀點出發，對健康飲食做了詳細的闡述。書中沒有很高深的理論，淺顯易懂地向讀者闡釋了健康飲食需要做到的方面，是一本集理論、實踐為一體的實用書籍。相信讀者按照書中建議，養成健康的飲食習慣，將獲得最佳的健康效果。

前言

　　食物是人們每天不可缺少的，維持人類生命的最基本的物質，在我們的生活中發揮着極其重要的作用。

　　我們的祖先在很早的時候，就對食物有了一定的要求。早在兩千年前，一些權貴階層的生活中就有專門的「食醫」，為權貴們精選食物，供他們食用。中國最早的醫學書《神農本草經》裏面就有關於食療養生的記載。孔夫子也曾經提過「食不厭精，膾不厭細」的飲食見解。

　　人們要保持身體健康，不僅要吃飽肚子，還要注意食物的合理搭配，保證人體攝入的各種營養物質均衡，並被人體全面吸收。

　　要做到營養均衡，首先要養成良好的飲食習慣。每天定時定量進食，不可暴飲暴食，更不可偏食。在注意飲食衛生的同時，還要根據自身的身體狀況，選擇適合自己的食物。只有這樣，才能防止疾病入侵，並有利健康長壽。

　　但是食物世界浩渺如海，究竟什麼食物是最健康、最適合自己的呢？本書將為你解決這一難題。

　　本書專門邀請資深營養師和中醫師從多領域出發，評選出100種營養健康的食物，詳細地説明每種食物的營養成分、營養價值和健康功效，並提供各種食物的最佳搭配和飲食宜忌，為你的飲食提供最佳的參考。讀者所關心的該吃什麼、如何吃、吃多少等問題，在本書中能找到答案。

　　本書還精心為讀者打造了一些健康食譜，讓讀者在輕鬆享受食物精華的同時，使食物的功效得到最大的發揮，健康得到良好的呵護。書中還專門介紹了一些食物的防病治病功效，對一些常見病提供了食療建議。不同的人士可以挑選適合自己的內容閱讀，並在實際生活中得到運用。

目錄

第一章 吃對了食物，身體才不會生病

第二章 美容養顏食物Top 20，吃出好氣色

第三章 強身健體食物Top 20，養出好體格

第四章 排毒瘦身食物Top 20，練就輕美人

第五章 補腦益智食物Top 20，吃好變聰明

第六章 防病治病食物Top 20，吃對百病消

本書導讀

本書分為六章，以「健康飲食」為主題，以「最新中國居民膳食指南」為參考，精心篩選了100種健康食物組成了排行榜，分別從補血養顏、強身健體、排毒瘦身、補腦益智、防病治病等五大方面進行了圖解式介紹。

食物介紹
介紹了食物的別稱、性味、食用功效、適宜人士和不適宜人士等食物的常識。

食物的成分
主要讓讀者瞭解入榜食物的主要營養成分及其健康功效。

食物的選購、保存技巧
食物如何選購、處理和保存，一看你就明白了。

★潤腸通便、改善膚色的佳蔬★

3
補血養顏

芹菜
潤腸通便、美容養顏

- 別稱
水芹、旱芹

- 性味
性平・味甘

- 食用功效
美容養顏・養血補虛・清熱解毒

✓ 適宜人士：一般人士
✗ 不適宜人士：脾胃虛寒、血壓偏低者

✦ 芹菜的美容養顏成分

1 鐵元素

芹菜含鐵量較高，有補血養顏的功效。經常食用芹菜，可以避免皮膚蒼白乾燥、神色黯淡無光，使人氣色紅潤、頭髮光亮。

2 膳食纖維

芹菜含有豐富的膳食纖維，加快胃和腸的蠕動，讓廢物儘快排出體外，有清理腸道毒素的作用，達到排毒養顏之目的。

3 揮發性物質

芹菜的葉、莖含有一種揮發性物質，它不僅芳香，更有助促進人體消化，加快人體的新陳代謝，將人體的毒素排出體外，有美容養顏的功效。

4 維他命C

芹菜含有維他命C，在促進膠原纖維合成的同時，也能清除自由基，是美容養顏不可缺少的物質。

✓ 芹菜的食用宜忌

✓ 一般人士皆可食用。
✓ 尤其適合高血壓、高脂血症患者食用。
✓ 肝火過旺者、心煩氣躁者宜食。

✗ 不宜丟掉芹菜葉，其所含的胡蘿蔔素和維他命C比莖多，含鐵量也十分豐富。
✗ 芹菜有降血壓作用，因此血壓偏低者慎食。
✗ 芹菜性涼質滑，故脾胃虛寒者不宜食用。
✗ 芹菜與青瓜、南瓜、蛤蜊、雞肉、兔肉、鱉肉、黃豆、菊花均相剋。

▸ **選購技巧**：應選擇芹菜葉較嫩，莖乾清脆的，避免選擇顏色發黃的芹菜。
▸ **儲存竅門**：將買來的芹菜放在塑料袋，再放入冰箱蔬果格，可放置4~5天。蔬菜放置時間長了，水分易流失，最好隨買隨吃。

66 │100款最優健康食物速查全書

食物食用宜忌

食物食用有什麼宜忌？哪些人適合食用？哪些人不適合食用？
你會在這裏找到答案。

食物搭配宜忌

食物搭配有什麼宜忌？
和什麼食物搭配營養價
值最好？和什麼食物搭
配食用對人體有害？

✚ 芹菜的搭配宜忌

 ＝ 美容減肥 ✓

芹菜清熱利尿，並含有大量的膳食
纖維，有美容減肥的作用；牛肉含有豐
富的蛋白質、鈣、鐵等營養元素。兩者
搭配食用，既營養又有瘦身作用，很適
合愛美和減肥者食用。

 ＝ 排毒養顏 ✓

芹菜有潤腸通便、美容減肥的作
用；豆腐生津解毒。兩者搭配食用，達
到排毒養顏、美容瘦身的作用，是減肥
食譜的上佳食品。

 ＝ 預防高血壓 ✓

芹菜和豆乾搭配食用，營養豐富，
對預防高血壓、動脈硬化等十分有益，
並有輔助治療作用。

 ＝ 降低營養 ✗

芹菜和黃豆搭配，雖然作為涼菜很
美味，但芹菜所含的纖質跟黃豆含有的
元素發生反應，影響人體對鐵的吸收，
造成營養流失，應盡量避免將芹菜和黃
豆一起食用。

食物的營養吃法

食物如何烹調能保存營
養之餘，又美味可口？
美味的食譜供你參考。

🍴 芹菜的營養吃法

芹菜炒豆乾

材料：

香芹2棵，豆乾300g，
蒜5瓣，食用油、鹽、
醬油各適量。

做法：

蒜切末；芹菜去葉、切段；豆乾切細
條。將適量油倒入鍋，燒熱後放入蒜末
爆香，下芹菜入鍋煸炒至8成熟；將豆乾
放入鍋同炒，調入鹽、醬油炒至熟，即
可盛出食用。

功效：美容養顏、養血補虛

芹菜的營養元素表(每100g)	
★ 碳水化合物 4.8g	★ 鐵 0.2mg
★ 蛋白質 0.6g	★ 膳食纖維 2.6g
★ 脂肪 0.1g	★ 鉀 15mg
★ 維他命C 12mg	

食物所含的營養成分

食物主要含有哪些營養
成分？每100g所含量
的營養是多少？這是食
物排名的重要依據之
一。

英文名：Brown Rice　　別名：胚芽米、玄米　　性味：味甘、性溫

糙米

保健食品、瘦身養顏

　　糙米是稻穀脫殼之後的全穀粒大米，與普通的精製米相比，糙米的質地更緊密，吃起來感覺有些粗糙，且不易煮熟，但它的營養更加豐富，含有眾多的維他命、礦物質和食物纖維，對人體有很好的滋養作用，是公認的綠色健康食品。因為糙米仍然保留着外皮、糊粉層和胚芽，所以在特定條件下仍可發芽，並產生一些有益於人體的成分。日本一項研究證明，經常食用糙米飯有助均衡血糖，吃等量的糙米飯比白米飯更容易讓人產生飽腹感，適合肥胖者減肥期間食用。

排行榜：第1名

適宜人士：腸胃功能較弱、貧血、便秘、肥胖症患者適宜食用。

每100g糙米含有：

熱量 332kcal
碳水化合物 77.9g
脂肪 1.85g
蛋白質 8.07g
膳食纖維 2.33g
維他命E 0.46mg
鈣 13mg

解構糙米

發芽糙米
健脾益腎、止瀉除煩

糙米糠
富含維他命，促進血液循環，提高免疫力。

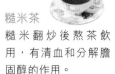

糙米茶
糙米翻炒後熬茶飲用，有清血和分解膽固醇的作用。

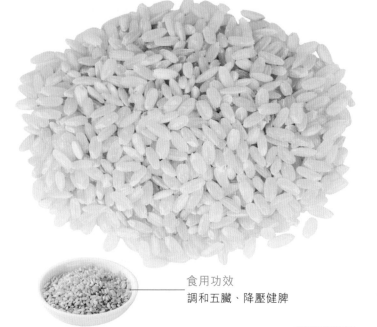

食用功效
調和五臟、降壓健脾

專家提醒

　　糙米比一般的精製米質地更密，口感更粗，不容易煮熟，所以烹煮前，最好先用清水充分浸泡，但不能用力搓洗，以免導致糙米的營養成分大量流失。

藥膳食譜

糙米 ＋ 大麥 ＋ 紅蘿蔔 ＋ 菠菜 ＋ 牛肉 ▶ 熬粥食用，促進代謝，提高免疫。

糙米 ＋ 紅米 ＋ 黑米 ＋ 燕麥 ＋ 粟米 ▶ 熬粥食用，可調經、減肥。

糙米 ＋ 黑米 ＋ 黑豆 ＋ 薏米 ＋ 冰糖 ▶ 熬粥食用，可去脂、補血。

《本草綱目》記載：「穀芽」，氣味甘、溫，具有「快脾開胃、下氣和中、消食化積」的功效，同時具有「和五臟、好顏色」的妙用。梁代的陶弘景在《名醫別錄》稱糙米能「益氣止渴止泄」。唐代著名中藥學家孟詵在《食療本草》説，糙米有「止痢、補中益氣、堅筋骨、和血脈」之功效。

◉ 糙米減肥茶

準備200g糙米、1.5L水。做法是：用沒沾過油的鍋，翻炒糙米而不要使之爆裂，至黃褐色時盛出，再在鍋內放水並煮開，後放進炒過的糙米，馬上熄火，五分鐘後，將糙米過濾當茶喝。

養生功效大搜索

潤腸通便，提高免疫力，降低三高，安神抗癌

糙米富含膳食纖維，促進腸道益菌的增加，促進大腸蠕動，軟化糞便，提高腸胃的功能，從而預防便秘和腸癌，經常便秘的老年人可以適量食用。

糙米的纖維素進入人體後，會迅速與人體內膽汁中的膽固醇相結合，促使膽固醇代謝，降低人體中的膽固醇，並能幫助高脂血症患者降低血脂。如果經常食用糙米，還有降血壓的作用。

糙米含有維他命E和B族維他命，有助提高人體的免疫功能，糙米還可以防止有害物質進入人體，達到防癌、抗癌的作用。

特別介紹

糙米在一定的溫度條件下會發芽，同時產生很多具有健美、保健功能的成分。有關專家經過實驗研究發現，發芽糙米有很好的健美功效，如果能把發芽糙米作為一種主食食用，能有效地增強體質，提高免疫力，達到防病抗病、滋補養生的效果。

發芽糙米富含阿魏酸（ferulic acid）和抗活性氧植酸等成分，能抑制黑色素的產生，使肌膚美白、光滑，還能促進人體新陳代謝，對動脈硬化、內臟功能障礙及癌症都有一定的預防作用。另外，經常食用發芽糙米，還有補腦、抗衰老之功效。

食用方法

糙米可以直接蒸熟作為主食，也可以與其他食材搭配一起或熬成粥食用，不僅味道鮮美，營養也十分豐富，對人體有很好的滋補效果。

糙米還可以用來煮茶飲用，有促進血液循環、緩解心理壓力、潤腸通便之功效。如果經常飲用糙米茶，不但可以降低血壓，還有減肥、美容的作用。在熬糙米粥的時候，可以加入枸杞等藥材，有防病祛病、增強體質的功效。

糙米藥用知識

治腳氣水腫：

糙米180g、大蒜35g。大蒜去皮，用清水沖洗，切成碎粒；將糙米沖洗乾淨後，與蒜粒一起放入鍋，加入適量清水，先用大火煮沸，再轉小火慢煮，熬成米粥即可食用。

治胃下垂：

糙米100g、香菇適量。食用前將糙米放到清水浸泡6小時左右，撈出，放入榨汁機榨成汁；

香菇洗淨後切成絲，放入鍋中煮熟，倒入糙米汁攪成糊狀即可。每天食用半碗，也可根據個人口味加入適量鹽或糖調味。

防癌抗癌：

糙米100g、蝦米10g、排骨適量。排骨用清水沖洗乾淨，放入沸水汆燙後，與糙米、蝦米放入鍋中，加入適量清水熬成粥即可。每天食用一次。

紅棗糙米粥

▶ 滋陰補血、潤肺化痰

材料：

糙米 100g，紅棗 8 粒，花生 18 粒，粟米 50g，冰糖 30g。

製作方法：

1. 將糙米洗淨，在水中浸泡 5 小時；將紅棗洗淨並用水浸泡半小時，取出瀝乾水分，去掉棗核；花生、粟米洗淨後，放入水浸泡。
2. 鍋中加水，倒入糙米，用大火煮沸，加入紅棗、花生、粟米，改小火燜煮。
3. 粥將煮熟時，放入冰糖攪拌均勻，即可食用。

番薯雞肉糙米粥

▶ 潤腸排毒、安神養肝

材料：

糙米 100g，雞肉 50g，番薯 100g，芹菜 50g，蔥 30g。

製作方法：

1. 糙米用水浸泡半小時；雞肉、番薯洗淨及切塊；芹菜、蔥洗淨，切成段。
2. 鍋中倒入油，燒熱後放入蔥花爆香，再放入雞肉、芹菜炒幾下，盛出備用。
3. 湯鍋加水，倒入糙米煮沸，再加入番薯、雞肉、芹菜，用小火煮熟即可食用。

大米糙米糊

▶ 通便排毒、美容養顏

材料：

大米 100g，糙米 100g，黑芝麻 20g，花生仁 50g，冰糖 50g。

製作方法：

1. 將大米、糙米浸泡約 2 小時，取出，瀝乾水分備用。黑芝麻入鍋炒熟；花生仁煮熟。
2. 大米、糙米、熟黑芝麻、熟花生仁倒入豆漿機打成漿，放入冰糖攪拌煮至溶化即可食用。

糙米豆漿

▶ 補腦益智、排毒養顏

材料：

糙米 50g，核桃 2 個，花生仁 50g，黃豆 50g。

製作方法：

1. 黃豆浸泡 6 小時，取出瀝乾備用；將核桃仁、糙米、花生仁入水浸泡後取出瀝水。
2. 將泡好的核桃仁、糙米、黃豆、花生仁一起倒進豆漿機，加入清水，打好煮熟即可。

排行榜：第2名
主產地：山東、甘肅、內蒙古、新疆等地
適宜人士：一般人均可食用

每100g洋葱含有：

熱量 39kcal
碳水化合物 9g
脂肪 1.85g
蛋白質 1.1g
胡蘿蔔素 20μg
維他命E 0.14mg
鈣 24mg

抗癌良藥、蔬菜皇后

　　洋葱又名球葱，原產於亞洲中部和西部地區，20世紀初傳入中國，在大江南北普遍種植，成為主產國之一。根據其皮色可分為白皮、黃皮和紅皮三種，汁多、辣味淡的白皮洋葱最為常見和最適宜生食。洋葱的食用價值較高，具有發散風寒的作用，可以抑菌防腐、增強食慾、降壓消脂等，同時還有助於消除身心疲勞、促進生長發育，有「蔬菜皇后」之美譽。洋葱含有的抗癌物質能夠抑制和破壞癌細胞的合成與生長，是集養生保健、醫療於一身的優秀蔬菜。

洋葱

食用功效
健胃寬中，理氣消食

氣味
幫助快速進入睡眠

保存方法

　　洋葱應存放在一個開放的容器內，且應遠離潮濕的環境；最好的保存方法是掛在乾燥、通風，且陽光不會直射的地方。

選購方法

　　挑選洋葱時應該從形狀、表皮、完整程度、乾燥程度、緊實程度等方面進行。洋葱以葱頭肥大，洋葱球體完整、球型漂亮，外皮光澤，鱗片緊密，辛辣和甜味濃的為佳。

藥膳食譜

專家提醒

　　洋葱不可過量食用，否則會產生脹氣和排氣過多。

 洋葱 ＋ 粟米 ＋ 紅蘿蔔 ＋ 馬鈴薯 ＋ 黃豆 ▶ 熬湯食用，祛痰祛寒。

 洋葱 ＋ 木耳 ＋ 雞蛋 ＋ 鹽 ＋ 油 ▶ 做菜食用，降糖消脂。

 洋葱 ＋ 雞蛋 ＋ 紅蘿蔔 ＋ 薑 ＋ 大蒜 ▶ 做菜食用，寧心安神。

番薯

寬腸通便、防癌抗癌

番薯為一年生旋花科植物，是人們喜愛的一種藥食兼用的健康食品。番薯含有豐富的蛋白質、澱粉、果膠、纖維素、氨基酸、維他命等多種營養物質，並具有寬腸通便、防癌抗癌等藥效，享有「長壽食品」美譽。

番薯營養豐富，提供大量的營養物質，如膳食纖維、胡蘿蔔素、維他命A、B群、維他命C等。番薯能阻止糖類變為脂肪，有利於減肥。番薯有寬腸胃、通便秘的功能，多食番薯對便秘患者有一定的療效。

排行榜：第3名
適宜人士：腸燥便秘、夜盲症、肥胖症者。

每100g番薯含有：

碳水化合物 24.7g
脂肪 0.2g
蛋白質 1.1g
纖維素 1.6mg
硫氨酸 0.04mg
鎂 1.2mg
鈣 23mg

解構番薯

番薯皮
含鹼量較多，食用過多導致人體腸胃不適，應少食。

番薯肉
味美甘甜，但宜適量食用，糖尿病患者更應少食或不食。

番薯粉
番薯粉達到預防便秘的作用。

食用功效
寬腸胃、通便秘、防癌抗癌

專家提醒

番薯最好在蒸熟的情況下食用，不然會難以消化。番薯最好在午餐時食用，這樣可以保證番薯中含有的鈣質能被人體充分吸收。

藥膳食譜

 + + + +
番薯　　梨　　番茄　　蜂蜜　　楊梅
▶ 熬湯食用，增強皮膚抵抗力。

 + + +
番薯　　毛豆　　雞蛋　　雞肉　　胡椒
▶ 熬湯食用，預防動脈血管硬化。

 + + +
番薯　　燕麥　　牛奶　　糖　　松子
▶ 熬粥食用，利於減肥。

養生功效大搜索

番薯含有的膳食纖維比較多，潤腸通便，防癌抗癌，保護血管，養肝強身，對促進胃腸蠕動和防止便秘非常有益，可用來治療痔瘡和肛裂等，經常食用可預防直腸癌和結腸癌。膳食纖維可阻止糖分轉化為脂肪，因此番薯還有減肥的作用。

去氫皮質酮（DHEA）在番薯的含量較高，有效預防乳腺癌和結腸癌的發生。

番薯對人體器官黏膜有特殊的保護作用，可抑制膽固醇積聚，保持血管彈性，還有助預防或緩解心腦血管疾病。

番薯的蛋白質高，經常食用可提高人體對主食中營養的利用率，使人身體健康、延年益壽。

🍠 選購方法

番薯的挑選一定要細心。好的番薯一般外表光滑、乾淨、色澤發亮，而且果實比較堅硬。表皮有傷的番薯不耐保存，如果不立即食用就不要挑選表皮有傷的番薯。若是番薯表面有小黑洞，說明番薯內部已經腐爛，不能食用，建議不要挑選。

🍴 保存方法

儲存番薯時，應注意室內溫度。溫度過低，會讓番薯受凍形成硬心，不宜蒸煮。溫度高時，番薯會發芽。所以室內溫度最好控制在15℃左右。將番薯放置在透氣的木板箱內，再蓋些東西，防止番薯受潮。

特別介紹

番薯相傳最早由印第安人培育，後來傳入菲律賓，被當地統治者視為珍品。16世紀傳入中國福建，經過500多年的栽植和培育，番薯遍佈中國廣大地區。番薯喜光喜溫，屬不耐陰植物。番薯味道甜美，富含大量的澱粉質、蛋白質、維他命，既能促進腸胃蠕動，又能阻止多餘的糖類轉變成脂肪，是便秘者和肥胖者首選的食療食品。此外，番薯還含有大量的類固醇，可以防癌抗癌，是一種延年益壽的食物。不過，若番薯長有黑斑，是不能食用的。

食用方法

番薯的蛋白質和脂肪含量不高，不能單獨作為主食食用。食用番薯時最好搭配饅頭或大米，有助於營養的利用和吸收。單獨食用番薯時，可伴鹹菜或鹹湯搭配食用。

煮番薯的時候可以在水中放少量的鹼，或將番薯放到鹽水浸泡10分鐘再蒸煮，蒸約20分鐘，能減少番薯中的氧化酶，以免引起食用者腹脹。

番薯藥用知識

調理便秘：

番薯200g。番薯洗淨，去皮、切小塊；炒鍋放油置於火上，油熱後加入番薯塊翻炒，炒熟即可。每日食用2次。

調理失眠：

番薯200g，小米120g，枸杞12g。番薯洗淨，去皮、切小塊；小米和枸杞分別用清水沖洗乾淨。湯鍋置於火上，番薯、小米、枸杞放入鍋中，大火煮沸，然後轉小火熬成粥即可。

調理消化不良：

番薯180g，雞蛋2個，橙汁少量。番薯洗淨，去皮、切小塊；雞蛋拂打。番薯和橙汁倒入鍋煮沸，待番薯煮熟即可，然後將蛋液淋入鍋即可。

海帶

海上佳蔬、保健食品

海帶是海藻類植物之一，又稱「昆布」，生長在海底的岩石上，形狀像帶子，全年有產，是全球食用最多的海藻類，各種營養成分含量高，被當作保健食品。海帶有一定的藥用價值，含碘非常豐富，對甲狀腺功能減退即「大頸泡」有很好的療效。海帶不但可為人們補充營養，而且可以防治食物中毒、腎功能減退、水腫等。

排行榜：第4名

適宜人士：一般人都能食用。尤其適宜高血壓、高脂血症、精力不足、缺碘的人士食用。

每100g海帶含有：

熱量 12kcal
碳水化合物 2.1g
纖維素 1.5g
蛋白質 1.2g
鋅 0.16mg
維他命B$_3$.........1.3mg
鈣 46mg

食用功效
健胃寬中、
理氣利水

海帶蜂蜜面膜

乾海帶20g，蜂蜜8g，礦泉水適量。海帶泡發洗淨，攪拌成糊狀，盛入面膜碗，加入蜂蜜和適量礦泉水調勻。潔面後，取適量面膜均勻敷於臉部，15分鐘後洗淨。每週2次，堅持使用，對皮膚有很好的滋養作用。

海帶葉片
性寒、味鹹，清熱軟堅、化痰利水、潤腸通便

海帶根
清熱化痰、止咳

專家提醒

海帶含有豐富的鐵質，吃海帶後不要立即喝茶，也不要立即吃酸的水果，否則影響鐵質吸收。海帶含有豐富鈣質，有利於補充鈣質，強健骨骼。

藥膳食譜

 海帶 + 黃豆 + 蔥 + 薑 + 鹽 ▶ 煮湯食用，消痰平喘。

 海帶 + 冬瓜　紅蘿蔔 + 蔥 + 薑 ▶ 煮湯食用，通便利水。

 海帶 + 羊肉 + 豆腐 + 蔥 + 薑 ▶ 煮湯食用，調理腸胃。

排行榜：第5名

適宜人士：一般人士均可食用。

每100g雞蛋含有：
碳水化合物........2.8g
熱量............114kcal
蛋白質............13.3g
脂肪................8.8mg
膽固醇..........585mg
維他命A........234μg
鈣....................56mg

營養寶庫、理想食品

雞蛋，是母雞所產的卵，其外有一層硬殼，內則有氣室、蛋白及蛋黃部分，雞蛋營養豐富，是人體獲取營養、維持基本生理的重要食品之一。雞蛋幾乎擁有人體需要的所有重要營養物質，有促進人體生長發育、維護神經系統、活化腦力的作用，還有助於延緩衰老、養顏護膚、鎮靜安神等。

雞蛋

食用功效
補益氣血、滋陰、潤膚、調理臟腑

蛋殼
味淡、性平，可用於外傷止血

蛋黃
性溫、味甘，有滋陰、寧心安神的作用

專家提醒

老年人每天吃1～2個比較好；對於從事腦力勞動的青年和中年人，每天吃2個雞蛋也比較合適；少年和兒童，由於長身體，代謝快，每天可吃2～3個。

藥膳食譜

雞蛋 ＋ 番茄 ＋ 葱 ＋ 薑 ＋ 鹽 ▶ 熬湯食用，補充營養、養血。

雞蛋 ＋ 粟米 ＋ 大米 ＋ 枸杞 ＋ 鹽 ▶ 熬粥食用，防止便秘。

雞蛋 ＋ 大白菜 ＋ 豆腐 ＋ 薑 ＋ 葱 ▶ 熬湯食用，促進消化。

山藥

補脾益氣、養腎益精

山藥營養豐富、物美價廉，是一種大眾化的補虛養身保健品。山藥既能當作主食，又可以當作蔬菜食用，當然藥用價值也相當高。民間流傳「五穀不收也無患，只要二畝山藥蛋」的説法，更肯定了山藥的價值。清代名醫傅青主以山藥為主料，發明「八珍湯」，使其母長壽，證實山藥延年益壽的作用。

排行榜：第6名
適宜人士：腹脹、病後體虛和慢性腎炎、長期腹瀉者適宜食用。

每100g山藥含有：

熱量..............56kcal
碳水化合物......12.4g
脂肪..................0.2g
蛋白質 1.9g
纖維素 0.8g
維他命E.........0.24mg
胡蘿蔔素.........20μg

山藥根
—— 性涼，無毒，味辛

食用功效
益智安神、補中益氣、
益腎養陰、消渴生津

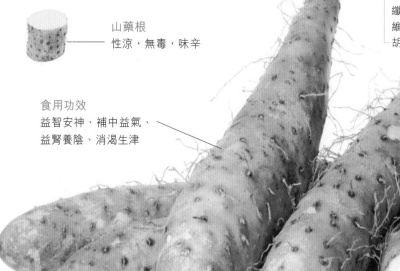

專家提醒

在患感冒的情況下，最好不要食用山藥。另外，大便燥結者和腸胃積滯者，不要食用山藥，以免加重症狀。在處理山藥時，最好套上手套削皮。

藥膳食譜

 山藥 + 蓮子 + 百合 + 薏仁 + 糖 ▶ 煮湯食用，調理體虛脾弱。

 山藥 + 羊排 + 白蘿蔔 + 葱 + 蘋果 ▶ 煮湯食用，調理心腹冷痛。

 山藥 + 薏仁 + 柿子 + 大米 + 冰糖 ▶ 煮粥食用，調理食少虛熱。

養生功效大搜索

健脾養胃，補腎潤肺，降低血糖，瘦身美容

山藥含有豐富的澱粉酶、多酚氧化酶，有助提高脾胃的功能，促進人體的消化和吸收，常食用可有健脾益胃、幫助消化的作用，臨床上常用來防治脾胃虛弱和泄瀉。

山藥含有皂甙和黏液質，食用時達到潤滑和滋潤的作用，補氣養肺，可輔助治療肺虛咳嗽，山藥的營養素還有滋腎益精的作用。

山藥富含黏液蛋白、維他命和微量元素，有助於消除血管壁上的脂沉澱。山藥含有黏蛋白，可防止脂防沉澱在血管壁上，有利於減肥，但山藥中的蛋白質可補充人體的營養，因此山藥對於肥胖人士來說有減肥作用；對體瘦者有增肥作用。

特別介紹

山藥原名薯蕷，是纏繞草質藤本植物，喜光、耐寒。山藥可分為毛山藥和光山藥兩種。

《神農本草經》將山藥列為食物之「上品」，深受人們喜愛。據說唐代宗因名為李豫，為避其諱，將薯蕷改為薯藥，後因宋英宗叫趙曙，為避諱而改為山藥。著名的醫學家李時珍對山藥就有很高的評價，他認為山藥特別是野生的山藥，是很好的藥材。

現在中國已經有四個地方的山藥申請為國家地理標誌保護產品，分別是：長山山藥、鐵棍山藥、陳集山藥和佛手山藥。

食用方法

生的山藥含有毒素，所以山藥不能生吃，可以將山藥在沸水中灼熟，涼拌食用。也可以搭配大米煮粥食用，有養胃的作用。

山藥可以搭配一些肉類燉湯食用，滋補效果更佳，比如山藥和鴨肉搭配，有助於降低人體的膽固醇，預防心血管疾病，平衡血壓。

山藥皮含有大量的黏液蛋白，有養肺陰、益氣的作用。可以將山藥皮清洗乾淨曬乾熬湯或煮粥食用。

山藥藥用知識

調理腹瀉：

山藥洗淨後，去皮，切成丁，搗成碎末；將山藥末放入鍋，倒入適量冷開水，調成山藥漿；開小火煮，一邊煮一邊攪拌，煮5分鐘後放入蛋黃煮熟。每天早晚各服用一次，空腹熱服。

調理食慾不振：

羊肉40g，山藥25g，大米40g，生薑8g。羊肉切碎和大米一起放入清水內煮，半熟時放入切成小塊的山藥，將熟時放入生薑片，煮成粥食用。

防治糖尿病：

山藥100g，大米50g。將大米洗淨放入鍋內煮至半熟，加入洗淨切片的山藥用小火熬成粥。

菠菜

蔬菜之王、食療佳蔬

　　菠菜屬一年生草本植物，原產於波斯，後經西班牙引進傳播於整個歐洲，唐朝時傳入中國。菠菜食用後極易被消化，特別適合老、幼、病、弱者以及電腦工作者、愛美人士食用。菠菜不僅營養豐富，而且還具有較高的食療價值，菠菜富含膳食纖維、維他命 A、維他命 K、葉酸和礦物質，被營養學家譽為「維他命的寶庫」。

排行榜：第7名
適宜人士：一般人士均可食用，尤其適宜便秘、腸胃消化不好的人士食用。

每100g菠菜含有：

碳水化合物 3.1g
熱量 24kcal
蛋白質 2.4g
纖維素 1.7mg
胡蘿蔔素 3.87mg
鎂 34.3mg
鈣 72mg

莖葉
味甘、性涼，養血止血，滋陰

菠菜根
味甘、性涼，治療高血壓和便秘

食用功效
補血止血、通腸潤燥、滋陰平肝

專家提醒

　　菠菜草酸含量較高，一次食用不宜過多；生菠菜不宜與豆腐共煮，影響消化和療效，將其放沸水焯燙後便可與豆腐共煮。

藥膳食譜

 菠菜 + 芝麻 + 枸杞 + 糖 + 鹽 ▶ 拌菜食用，益智健腦。

 菠菜 + 牛肉 + 大米 + 薑 + 鹽 ▶ 熬粥食用，補中益氣。

 菠菜 + 大米 + 雞蛋 + 粟米 + 葱 ▶ 熬粥食用，利腸胃、通便。

養生功效大搜索

理氣補血，通便清熱，
養顏潤膚，防病抗衰

菠菜含有豐富的鐵質，鐵是人
體造血的物質，常吃菠菜可以預防缺
鐵性貧血，也可以作為治療胃腸出血
的輔助食品。

菠菜含有大量的植物粗纖維，
具有促進腸道蠕動的作用，利於排
便，且能促進胰腺分泌，幫助消化。
對於慢性胰腺炎、痔瘡、便秘、肛裂
等病症有輔助治療作用。

菠菜含有大量的抗氧化劑，如
維他命 E 和硒元素，具有抗衰老、
促進細胞增殖作用，既能激活大腦功
能，又可增強青春活力，有助防止大
腦老化。菠菜還含有豐富的維他命 A
和胡蘿蔔素，可降低患視網膜退化的
危險，保護視力。

選購方法

菠菜全年有售，
春季的菠菜短嫩，秋
季的菠菜比較粗大。
購買菠菜時，要挑選
葉子肥厚寬大、有彈
性，菜梗紅短的新鮮
菠菜。如葉部有變色
現象，要去除。菠菜
正常的顏色為自然的
暗綠色，如太鮮綠有
可能添加了色素物
質，盡量不要購買。

保存方法

菠菜在採摘後
如果在自然條件下存
放，其中的葉酸和胡
蘿蔔素會很快流失或
減少，溫度越高，營
養成分流失得越快，
保存的時間越短，宜
購買後 3 天之內食用
完。如果沒有食用
完，可用保鮮袋包起
來，放進冰箱冷藏，
這樣可在很大程度上
減少營養成分流失。

特別介紹

菠菜有很多別名，因其根是紅色的，所以人們
叫菠菜為紅根菜，有些地方也稱其為鸚鵡菜。菠菜
是二千多年前波斯人栽培的菜蔬，也叫作「波斯草」，
後在唐朝時由尼泊爾人帶入中國。唐代貞觀二十一
年（公元 641 年），尼泊爾國王那拉提波把菠菜從
波斯帶來作為禮物，派使臣送到長安獻給唐皇，從
此菠菜在中國落戶了。當時中國稱菠菜產地為西域
菠薐國，這就是菠菜被叫作「菠薐菜」的原因，後簡化為「菠菜」；潮
汕等地唸做「bo ling」，翻譯為飛龍，所以又叫飛龍菜。

食用方法

菠菜可以炒、拌、燒、做湯和當配料用，如「涼
拌菠菜」、「芝麻菠菜」、「菠菜麵條」等。很多
人都愛吃菠菜，但必需注意菠菜不能直接烹調，因
為含有草酸較多，有礙機體對鈣質的吸收，吃菠菜
時宜先用沸水燙軟，撈出再炒。

生菠菜不宜與豆腐共煮，以礙消化影響療效，
用沸水灼燙後可與豆腐同煮。菠菜不能與黃豆同
吃，因會對銅的釋放量產生抑制作用，導致銅代謝不暢。

菠菜藥用知識

治缺鐵性貧血：

菠菜 250g，豬肝
100g，大米 100g，大
棗 50g。菠菜洗淨、切
段；豬肝洗淨、切薄片；
大米、大棗洗淨；加水入砂鍋，下大米、大棗
熬煮，待粥熟後加入菠菜，再下豬肝煮滾至熟，
調入食鹽即可食用。

治習慣性便秘、痔瘡：

鮮菠菜 500g，豬紅 500g，生薑 3 片，肉
湯適量。菠菜洗淨、切段；
燒熱油鍋，下薑、蔥與豬
紅一起煸炒，灑入紹酒炒
至水分少，加入肉湯及菠
菜，煮滾至菜熟，調入適量食鹽即可。

健脾胃，止久瀉：

菠菜 500g，鴨內臟 1 副，生薑 3 片。菠菜
洗淨；鴨雜洗淨，置油鍋下鹽炒熟，盛起；鍋
內加清水煮沸，下菠菜、鴨雜，調入鹽即可。

黃豆

豆中之王、田中之肉

　　黃豆也叫作大豆，原產中國，至今有 5000 年的種植歷史。黃豆的蛋白質含量較高，每 100g 黃豆的蛋白質含量，相當於 200g 瘦豬肉或 300g 雞蛋或 1.2L 牛奶的含量，所以有「植物蛋白之王」、「綠色奶牛」等美譽。另外，黃豆的脂肪含量是豆類植物中最高的，其中大部分是不飽和脂肪酸。

排行榜：第8名
適宜人士：一般人均可食用，尤其是中老年人和腦力工作者。

每100g黃豆含有：

熱量 359kcal
碳水化合物 34.2g
蛋白質 35g
脂肪 16g
胡蘿蔔素 220μg
鎂 199mg
鈣 191mg

解構黃豆

黃豆殼
性平，味甘，無毒；對延緩卵巢衰老有很好的功效。

黃豆渣
可以做面膜，對消除皮膚黑頭、滋潤皮膚有很好的作用。

黃豆芽
味甘、性涼，入脾、大腸經；具清熱利濕、祛黑痣、潤肌膚的功效。

食用功效
寬中下氣、調理腸胃、健脾養血

專家提醒

　　黃豆在消化過程中會產生氣體，引起腹脹，所以腸胃消化功能不佳或有慢性消化道疾病的人士應少吃。黃豆是腦力勞動者和減肥者的佳品。

藥膳食譜

黃豆 ＋ 紅豆 ＋ 綠豆 ＋ 扁豆 ＋ 陳皮 ▶ 煮湯食用，清涼祛暑。

黃豆 ＋ 豬蹄 ＋ 蔥 ＋ 薑 ＋ 鹽 ▶ 煮湯食用，補血養顏。

黃豆 ＋ 海帶 ＋ 薑 ＋ 鹽 ＋ 蔥 ▶ 熬湯食用，利尿消腫。

養生功效大搜索

健腦益智，養脾解鬱，排毒養顏，防癌抗癌

黃豆含有不飽和脂肪酸和大豆磷脂，有助增加大腦的營養，青少年多吃大豆有助大腦發育、智力開發；老年人食用大豆可預防認知障礙症。

黃豆的蛋白質屬植物性蛋白，食用後會提升人體的免疫力，緩解沮喪抑鬱的情緒。

黃豆含有類似人體的雌激素，是治療女性更年期綜合症的最佳輔助食物，而它更促進肌膚新陳代謝、機體排毒、令肌膚永保青春。

黃豆含有抗癌成分——皂角苷、蛋白酶抑制劑、異黃酮、鉬、硒等，對乳腺癌、前列腺癌、皮膚癌、腸癌、食道癌有抑制作用。

特別介紹

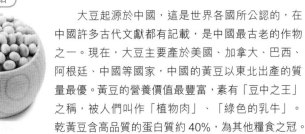

大豆起源於中國，這是世界各國所公認的，在中國許多古代文獻都有記載，是中國最古老的作物之一。現在，大豆主要產於美國、加拿大、巴西、阿根廷、中國等國家，中國的黃豆以東北出產的質量最優。黃豆的營養價值最豐富，素有「豆中之王」之稱，被人們叫作「植物肉」、「綠色的乳牛」。乾黃豆含高品質的蛋白質約40%，為其他糧食之冠。

黃豆是我們生活中最常見到的豆類作物，營養豐富，吃法多樣化，深受人們的喜愛，同時在醫學上黃豆的食療保健價值也備受推崇。

食用方法

大豆充分浸泡後，可以炒菜食用，也可當作配料煮飯用，還可以加工成豆漿飲用，將大豆泡至發芽，作為豆芽炒食也是不錯的食用方式。

豆製品如豆豉、豆汁等，都是黃豆發酵後製成的。黃豆經過微生物發酵後，維他命 B_{12} 的含量有所增加，一些抑制營養的因子會被消除，從而更加容易被人體消化吸收。

黃豆藥用知識

脾虛、營養不良性水腫：

黃豆 20g，花生 10g，大麥 10g，糙米 10g，小米 10g。將食材放入自動煲湯鍋中，加水 2 公升，開動煲湯 6 小時以上，湯代茶飲，材料當粥吃，每日一餐。

治缺鐵性貧血：

黃豆 20g，蓮藕 50g，大棗 10g。將各食材放入自動煲湯鍋中，加水 2 公升，開動煲湯 6 小時以上，湯代茶飲，材料當粥吃，每日一餐。

治肺熱多痰、小便不利：

黃豆芽 500g，陳皮 5g。黃豆芽洗淨，瀝乾水分；湯鍋置於火上，放入黃豆芽和陳皮，加入大量的水，大火煎煮 4 小時，取汁飲用。

五香黃豆

▶ 養心潤肺、增強免疫

材料：
黃豆 500g，芫茜 1 棵，茴香 1g，桂皮 2g，鹽 5g，麻油 3g。

製作方法：
1. 黃豆用清水洗淨，浸泡 8 小時，盛起，瀝乾水分；芫茜洗淨備用。
2. 茴香、桂皮、鹽放入鍋內，加適量水，放入泡發好的黃豆，用小火慢煮至黃豆熟透。
3. 待水略煮乾後，離火，揭蓋冷卻，將黃豆裝入盤內，放上芫茜及加入麻油調味即可。

清炒黃豆芽

▶ 清熱利濕、健脾消食

材料：
黃豆芽 100g，蒜苗 50g，蔥 10g，紅辣椒 1 隻，鹽 3g，花椒、醋、麻油各 5g。

製作方法：
1. 黃豆芽洗淨；蒜苗切段；蔥切碎；紅辣椒切絲。
2. 油鍋置於火上燒熱，放入花椒、蔥花、紅辣椒和蒜苗爆香。
3. 倒入豆芽炒至熟，放入麻油炒至均勻即可。

豆腐花

▶ 降壓降脂、保護心臟

材料：
黃豆 50g，內酯 1g，麻油、醋、醬油各 5g，蔥或芫茜 5g。

製作方法:
1. 將黃豆在清水浸泡 8 小時以上，撈出，放入豆漿機打成豆漿。
2. 豆漿渣過濾，盛起，冷卻 5 分鐘。同時將內酯用少量清水融化，放入豆漿中，迅速攪拌均勻。
3. 20 分鐘後成為豆腐花，加入適量麻油、醬油、醋等，吃的時候放點芫茜或蔥即可。

黃豆芽炒肉

▶ 清熱明目、補氣養血

材料：
黃豆芽 300g，豬肉 100g，紅辣椒 1 隻，醬油、蔥、蒜各 5g，鹽 3g。

製作方法：
1. 黃豆芽洗淨，瀝乾水分；豬肉切片；紅辣椒切絲；蔥及蒜切成末。
2. 油鍋置於火上，放入豬肉炒 1 分鐘，放入蔥和蒜爆香。
3. 最後放入豆芽和紅辣椒，炒熟後放入鹽、醬油等調味即成。

| 英文名：Apple | 別名：奈子、蘋婆、平波、超丸子、天然子　性味：味甘、性涼 |

排行榜：第9名
適宜人士：一般人士均可食用，尤其適合便秘、腸胃消化不佳的人士食用。

平安之果、營養豐富

蘋果是一種營養豐富、酸甜可口、老少皆宜的水果。蘋果原產於歐洲，後來傳入中國，經過培育、改良、淘汰，現於中國東北、華北和華東地區已廣泛栽培，並培育出了很多新品種，如雞冠、國光、富士等。蘋果的營養價值和醫療價值很高，被稱為「大夫第一藥」。

蘋果

每100g蘋果含有：

熱量 52kcal
碳水化合物...13.5g
纖維素 1.2g
胡蘿蔔素........20μg
蛋白質 0.2g
鈉 1.6mg
維他命B₃.........0.2mg

果皮
抗氧化、預防
慢性疾病

保存方法

蘋果很容易保存，冬季在常溫下能保存10天左右，要乾燥保存，如果表面有水容易凍壞。

選購方法

蘋果一般應選擇表皮光潔無傷痕、色澤鮮艷、味正質脆者；用手握試蘋果的硬軟情況，太硬者未熟，軟則過熟，軟硬適度為佳。

專家提醒

蘋果皮含有豐富的酚類、二十八烷醇、黃酮類等抗氧化成分及生物活性物質。海外研究表明，蘋果皮較果肉具有更強的抗氧化性，蘋果皮的抗氧化作用較其他水果蔬菜都高，普通大小蘋果的果皮抗氧化能力相當於800mg維他命C的抗氧化能力。

食用禁忌

脾胃虛寒者，盡量少食；一次不要食用太多，以免傷害脾胃；飯前不可食用蘋果，以免影響正常進食；糖尿病、腎病患者不宜多吃。

藥膳食譜

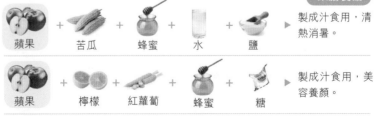

蘋果　＋　苦瓜　＋　蜂蜜　＋　水　＋　鹽　▶　製成汁食用，清熱消暑。

蘋果　＋　檸檬　＋　紅蘿蔔　＋　蜂蜜　＋　糖　▶　製成汁食用，美容養顏。

蘋果　＋　大米　＋　粟米　＋　紅棗　＋　糖　▶　熬粥食用，通腸排毒。

蘋果柳橙檸檬汁

材料：

蘋果 1 個，柳橙 1 個，檸檬 1 個。

製作方法：

1. 蘋果洗淨，去皮，切成小塊；柳橙去皮，切成小塊；檸檬洗淨，切成片。
2. 將蘋果、柳橙、檸檬放入榨汁機榨成汁，倒入杯中即可。

功效：

蘋果、柳橙含有的糖類，有緩解疲勞的作用；檸檬有提神、瘦身的功效。三者搭配飲用，不僅含豐富營養，還能瘦身減肥。

蘋果紅蘿蔔草莓汁

材料：

蘋果 1 個，紅蘿蔔 1 個，草莓 6 顆，蜂蜜 10g。

製作方法：

1. 蘋果洗淨，去皮、去核，切成小塊；紅蘿蔔洗淨，切成小塊；草莓洗淨。
2. 紅蘿蔔、蘋果和草莓放入榨汁機中榨汁。
3. 倒入杯子，加入蜂蜜調勻即可。

功效：

此飲品含的碳水化合物、水分、纖維、鉀量較高，減肥時可適量飲用用，有嫩膚美白、生津解毒、除斑紋、幫助消化的功效。

蘋果橘子汁

材料：

蘋果 1 個，柑 2 個，蜂蜜 10g。

製作方法：

1. 蘋果洗淨，去皮、去核，切成塊；柑去皮、分瓣。
2. 將蘋果、柑放入榨汁機榨成汁。
3. 過濾果汁中的殘渣，加入蜂蜜調味即可。

功效：

此果汁有開胃健脾、美容養顏的功效，很適合愛美的女士飲用。

蘋果西芹檸檬汁

材料：

蘋果 1 個，西芹 20g，檸檬 1 個。

製作方法：

1. 蘋果去核，切成小塊；西芹去葉，洗淨，切成小段；檸檬洗淨，切成小塊。
2. 將上述材料放入榨汁機中榨汁。
3. 濾去殘渣，倒入杯中即可飲用。

功效：

此果汁適合高血壓患者於夏季飲用。

英文名：Crucian Carp	別名：鮒魚、鯽瓜子、河鯽、刀子魚、鯽殼子　性味：味甘、性平

排行榜：第10名

適宜人士：一般人士均可食用。尤其適合營養不良、水腫、產後缺乳者食用。

每100g鯽魚含有：

熱量............108kcal
碳水化合物........3.8g
蛋白質............17.1g
維他命A..........17μg
脂肪..................2.7g
鎂......................41mg
鈣....................79mg

肉質鮮美、魚中上品

　　鯽魚俗稱鯽瓜子，是中國重要的食用魚類之一，肉味鮮美，肉質細嫩，營養全面，含豐富的蛋白質，脂肪少，食之鮮而不膩，略感甜味。鯽魚屬魚中上品，適應能力特別強，在水草豐茂的淺灘、河灣、溝汊、蘆葦叢均能生存。鯽魚藥用價值極高，有和中補虛、除濕利水、溫胃化滯、補中益氣之功效，能利水消腫、益氣健脾。

鯽魚

食用功效
益氣健脾、解毒、下乳

選購方法

　　鯽魚最好買鱗片完整、體表無創傷、體色青灰、體型健壯的新鮮活魚，現吃現殺。如購買的是死魚，要看其眼睛，判斷大概已死了多長時間。如果聞到魚身已有腥臭味，則不要購買。

保存方法

　　鯽魚最好買鮮活的，如果暫時不吃，可以養在水桶內。如果是魚肉，可以用保鮮紙密封，放進冰箱冷藏，但不宜太長時間，因為魚肉放久了魚腥味就會很重，影響口味。

專家提醒

　　鯽魚含有豐富的優質蛋白質，且易於被人體消化吸收，常食可增強抗病能力；肝炎、腎炎、高血壓、心臟病、慢性支氣管炎等疾病患者可經常食用。

藥膳食譜

鯽魚 ＋ 豆腐 ＋ 薑 ＋ 蔥 ＋ 鹽 ▶ 熬湯食用，補虛、健脾。

鯽魚 ＋ 白蘿蔔 ＋ 蔥 ＋ 薑 ＋ 鹽 ▶ 熬湯食用，美白潤膚、下乳。

鯽魚 ＋ 海帶 ＋ 薑 ＋ 豆腐 ＋ 蔥 ▶ 熬湯食用，除濕利水。

第一章
吃對了食物，
身體才不會生病

　　飲食健康已經成為整個社會關注的話題，健康食品能夠讓人的身體更加強壯，但如何才能做到飲食健康呢？哪些食物是健康食物？健康飲食需要注意哪些問題呢？

1 健康食物的概念

　　隨着人們生活水平提高，人們在吃飽的同時，對食品的健康問題日益重視。那麼，什麼樣的食物才是健康的食物呢？

　　健康食物是指食物是天然的動植物，經過健康衛生的加工程序，將食物的營養功效發揮出來，滿足人體需要供人享用的食物。但是，是否任何人食用任何健康食物都能保證健康？答案是否定的，因為食物的功效屬性不同，不同的人體需要的健康食物種類也有所不同，這需要瞭解一些食物的知識。

■ 常食綠色天然食物

　　隨着農業科技的發展，人們在提高農作物產量的同時，也帶來一些負面的影響，例如大量運用農藥、化肥，這些物質滲入農產品中，給人們的身體帶來危害。另外在加工食物的過程中，一些廠家和商戶為了令食物更加美味，加入了添加劑和膨脹劑，這些化學物質對人體的健康都是一種威脅。

　　為了人體的健康，需要我們返璞歸真，食用一些綠色天然的食物。那麼，什麼樣的食物是綠色天然食物呢？

　　綠色天然食物是指在種植、生產的過程中，不用農藥、化肥，按照綠色食物生產技術操作規程進行加工，不使用任何食品添加劑、防腐劑、抗生素等化學物質而生產出來的食物。

■ 多樣性飲食

食物所含的營養物質雖然多，但是沒有一種物質能夠含有人體所需要的全部營養。因此，為了讓身體獲取全面的營養，我們需要多樣性飲食，選擇多種食物食用。那麼，怎樣才能使飲食達到多樣性呢？

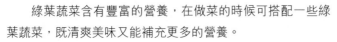

這就要求人們注意食物的搭配食用。在膳食中，中國人有將穀類食物作為主食的習慣，為了食用多種穀類食物，可用多種穀類食物煲粥，還可以在米飯中加入豆類，既美味又能補充多種營養。

綠葉蔬菜含有豐富的營養，在做菜的時候可搭配一些綠葉蔬菜，既清爽美味又能補充更多的營養。

肉類食物含有蛋白質、維他命、脂類多種營養物質，滋味鮮美，深受人們喜愛。在烹調肉類食物時，還可加入菌類物質，既能去掉肉類的油膩，還能豐富營養。

另外，海產品含有其他食物沒有的營養，做湯時可放些海產品，例如海帶、蝦仁等。

■ 選擇適合自己的食物

每種食物都含有不同的營養，有不同的營養價值，但由於人體的差異性，並不是任何食物都適合每個人。為了人體的健康，要選擇適合自己食用的食物，避免食用不利於自己健康的食物。

舉個例子，如高血壓患者，盡量避免食用膽固醇含量高的豬肉、魷魚等食物，應經常吃些芹菜、香蕉等食物。

愛美想減肥者，可選擇熱量、脂肪含量少的食物，避免選擇高熱量、高脂肪的食物。

2 食物屬性知多少

中醫認為食物有不同的屬性，屬性不同的食物，食用方法和營養價值也不同。為了人體的健康，應根據不同的食物屬性，選擇有利於自己健康的食物，例如脾胃虛弱者，應盡量避免食用一些寒性食物，以免加重病情。

食物的屬性一般分為五級：寒性、熱性、溫性、涼性，而有些食物性平和，又稱平性食物。

食物類型	蔬菜	果品	肉、蛋	水產	穀類
寒涼性食物 註：寒性食物一般被稱為「冷」食物，有去火解毒、清熱解暑、減少燥熱的作用，一般適合燥熱體質人士食用。	青瓜 番茄 苦瓜 白蘿蔔 菠菜 冬瓜 黃豆芽 蘆筍 馬齒莧 百合 蓮藕 茄子	奇異果 草莓 芒果 香蕉 柚子 火龍果 梨 花生	驢肉 兔肉 鴨蛋 蝸牛肉	海帶 紫菜 扇貝 田螺 螃蟹 魷魚	薏仁 小麥 小米 綠豆
溫熱性食物 註：溫性食物一般被稱為「熱、燥」食物，有驅寒保暖的作用，一般適合體質虛寒人士食用。	洋蔥 韭菜 秀珍菇 茼蒿 金針菇 大蒜 南瓜	石榴 木瓜 楊梅 核桃 桃子 桂圓 櫻桃 葵花子 板栗 紅棗	雞肝 豬紅 羊肉 豬肉 牛肉 豬肝	海參 鯇魚 蝦 沙丁魚 鱔魚	燕麥 黑米 糯米 高粱米

食物類型	蔬菜	果品	肉、蛋	水產	穀類
平性食物 註：平性食物界乎寒性及溫性之間，除了過敏體質者，一般人均可食用。	芹菜 紅蘿蔔 椰菜花 大白菜 銀耳 黑木耳 山藥	蘋果 菠蘿 蓮子 葡萄 檸檬 花生	豬蹄 雞蛋 鵪鶉蛋 鴿肉 豬肉 鵪鶉肉 烏雞肉	泥鰍 鯽魚 海蜇絲 鱸魚 鯧魚 鯉魚	黑芝麻 大米 粟米 番薯 糙米 黃豆 黑豆 綠豆 蕎麥麵

3 食物的五色

食物根據顏色的不同，可分為黑色、綠色、紅色、黃色、白色五種。不同顏色的食物其營養物質含量和營養價值也有別。

綠色食物——補肝

■ **常見的綠色食物：**

芹菜、菠菜、椰菜花、青瓜、苦瓜、通菜、茼蒿、青椒、香葱、蘆筍、奇異果等。

■ **營養成分：**

維他命C、膳食纖維、鉀等。

■ **對人體的益處：**

綠色食物含有豐富的膳食纖維，能夠促進人體消化，加快人體新陳代謝，有排毒養顏、除燥熱、促進人體生長發育的作用。

紅色食物——補心

■ **常見的紅色食物：**

蘋果、山楂、紅椒、草莓、豬肉、牛肉、羊肉、紅棗、番茄、紅蘿蔔、南瓜、豬肝、豬紅、豬心等。

■ **營養成分：**

維他命、鐵、胡蘿蔔素、茄紅素等。

■ **對人體的益處：**

紅色食物含有豐富的鐵質，有補血活血的功效。常吃紅色食物能夠消除人體的自由基，從而達到延緩衰老、提高人體免疫力的作用。

黃色食物——補脾

■ **常見的黃色食物：**

香蕉、小米、菠蘿、芒果、楊桃、黃豆、木瓜、粟米、柑橘、柚子、柳橙、番薯等。

■ **營養成分：**

維他命A、維他命C、類胡蘿蔔素等。

■ **對人體的益處：**

黃色食物含有豐富的維他命C和類胡蘿蔔素，具有很好的抗氧化作用，能夠預防人體衰老，同時對於胃腸疾病還很好的預防作用。

白色食物——補肺

■ **常見的白色食物：**

大米、麵條、杏仁、蓮子、山藥、牛奶、魚肉、冬瓜、豆腐、椰子、豆漿、梨、白糯米等。

■ **營養成分：**

鈣、蛋白質、糖類。

■ **對人體的益處：**

白色食物大多具有潤肺止咳的作用，對人體的呼吸系統有很好的保健功效，而大部分白色食物如蒜、葱白等，更有很好的殺菌消毒作用，能夠提高人體的免疫，達到強身健體的作用。

黑色食物——補腎

■ **常見的黑色食物：**

紫菜、黑米、黑木耳、黑豆、茄子、桑葚、香菇、烏雞肉、海帶、黑芝麻、栗子、黑棗、烏梅、葡萄、髮菜、海苔等。

■ **營養成分：**

鐵、鈣、鋅、鎂、維他命等。

■ **對人體的益處：**

黑色食物含有豐富的

維他命E和礦物質，有美容養顏、烏髮、延緩衰老等作用，對於防治心血管疾病及癌症也有很好的功效。

黑色食物一般含有豐富的粗纖維和礦物質，能夠加快人體的新陳代謝，將人體的毒素排出體外。膚色暗淡或便秘者不妨多吃黑色食物。

4 食物的五味

食物根據味道的不同，又分為酸、鹹、苦、甘、辛五種。味道不同，其營養價值屬性也有別。

酸味——入肝

- 功效：

  能夠增加食慾、健脾開胃、養肝。
- 常見的酸味食物：

  山楂、醋、楊梅、桃子、李子等。

甘味——入脾

- 功效：

  有助強身健體、提高免疫力。
- 常見的甘味食物：

  蘋果、梨、甘蔗、蜂蜜、糖、薏仁、芒果等。

鹹味——入腎臟

- 功效：

  有助補腎。
- 常見的鹹味食物：

  豬肉、鴨肉、螃蟹、鹽、紫菜、海帶、田螺、牡蠣（蠔）等。

辛味——入肺

- 功效：

  有助於血液循環和新陳代謝。
- 常見的辛味食物：

  辣椒、薑、大葱、蒜、洋葱、白酒、韭菜、芹菜等。

苦味——入心

- 功效：

  有助於面色紅潤。
- 常見的苦味食物：

  苦瓜、杏仁、茶葉等。

5 食物營養成分分析

食物含有多種營養成分，不同的營養成分對人體發揮着不同的作用。缺少或者攝取過多這些營養成分，均對人體健康帶來不利的影響。

蛋白質

蛋白質是構成和修補細胞、組織的主要物質，也是維持人體生長發育、調節基本生理功能的重要物質。

★富含蛋白質的食物

魷魚、沙丁魚、豬肉、大蝦、雞肉、鴨肉、黃豆、螃蟹、花生、松子、核桃、雞蛋等。

脂肪

脂肪是提供能量的主要物質，以及細胞和血液構成的主要成分，對於保護皮膚、內臟、維持體溫、幫助脂溶性維他命吸收發揮着重要的作用。人體脂肪缺乏會出現生長發育遲緩、生育能力下降和皮膚粗糙等問題。

★富含脂肪的食物

芝麻、花生、核桃、牛奶、腰果、大豆、芝士、牛肉、鴨肉、鵝肉等。

維他命

維他命是維持人體正常生理功能所必需的營養物質，在人體生長、代謝、發育中發揮着重要的作用。人體雖然對維他命的需要量很少，但如缺乏則對健康造成損害。

★富含維他命A的食物

豬、牛、羊肝臟、牛奶、雞蛋、蘋果、香蕉、梨、青瓜、菠菜等。

★富含維他命B$_1$的食物

大豆、核桃、瘦豬肉、豬牛羊肝臟、魚類、蝦類等。

★富含維他命B$_2$的食物

瘦肉、豬牛羊肝臟、牛奶、蛋類、綠葉蔬菜等。

★富含維他命B$_{12}$的食物

豬牛羊肝臟、魚類、扇貝、牛奶、蛋類、肉類等。

★富含維他命C的食物

辣椒、番茄、蘋果、草莓、奇異果、菠菜、茼蒿等。

★富含維他命D的食物

豬牛羊肝臟、雞蛋、香菇、芝士、魚類等。

★富含維他命E的食物

小麥、核桃、葵花子、松子、綠色蔬菜、植物油等。

★富含維他命K的食物

豬牛羊肝臟、綠葉蔬菜、蛋黃等。

微量元素

微量元素是維持正常生理功能的重要物質，影響人的智力、情緒等方面，是人體心理健康的物質基礎。其中的鈣、鐵、磷、鎂、鋅等元素對人體健康起着很重要的作用。

★富含鈣的食物

牛奶、雞蛋、帶魚、大豆及深綠色蔬菜等。

★富含鐵的食物

豬牛羊肝臟、瘦肉、大豆、牛奶、海藻類、綠葉蔬菜等。

★富含磷的食物

肉類、穀類、奶類、魚類等。

★富含鎂的食物

牛奶、大豆、核桃、葵花子、乾棗、綠葉蔬菜等。

★富含鋅的食物

肉類、豆類、海鮮、海藻、堅果等。

膳食纖維

膳食纖維又稱粗纖維，有水溶性纖維和非水溶性纖維之分。它有助清潔人體的消化道，預防結腸癌，是健康飲食中不可缺少的一部分。

★富含膳食纖維的食物

豆類、燕麥、蔬菜、水果、海藻類、蝦蟹等。

6 四季飲食注意事項

春季

春回大地，人體氣血旺盛，是恢復肝臟功能的良好時機。飲食上，多吃一些綠色蔬菜、水果以及一些湯類。少食用辛辣、易上火的食品，以免出現大便乾燥、消化不良等症狀。

■ 多吃助陽食物

春季是需要陽氣生發的季節，應適當吃一些助陽的食物，例如韭菜、蒜苗、大蒜等。

■ 飲食注意清淡

春季天氣乾燥，人容易上火，出現舌苔發黃、咽喉腫痛等症狀。這時候如果飲食過於肥膩，容易加重病情，故飲食上要注意清淡。多喝湯類，例如綠豆湯、蓮子銀耳湯、菊花茶等。

■ 多吃蔬菜、水果

春季氣候乾燥，人體易困乏，應多吃紅黃色和深綠色的蔬菜水果補充能量，例如紅蘿蔔、南瓜、青椒等。

■ 少酸多甜

春季是需要補肝的季節，應適當多吃些甜味、升溫的食物，少吃酸味的食物。

夏季

天氣燥熱，人體易出現煩悶、食慾不振等現象，這時候的飲食要注意清淡，多吃寒涼性食物，注意水分補充。

■ 寒涼性食物

西瓜、青瓜、梨、海帶等。

■ 注意水分補充

夏季炎熱易出汗，注意水分補充，因體質各異，每人需要補給的水分也不同，應根據自己的需求，盡可能補充水分。

秋季

天氣乾燥容易傷肺，引起肺燥病變。因此，秋季飲食要注意養肺。冰糖燉銀耳或黑木耳是養肺的良好食品。

■ 避免熱量過剩

秋季涼爽，人的食慾也很旺盛，如果不加以節制，很容易因為飲食過多、熱量過剩而造成人體肥胖。秋季飲食要盡量少吃高熱量、肥膩的食物，同時避免不加節制地大吃大喝。

■ 多吃蔬菜水果

秋季天氣乾燥，人很容易上火，應多吃蔬菜水果，如梨、蘿蔔等滋陰養肺的食物。其中，蘿蔔豬蹄湯是一道既緩解秋燥又可補身的好食譜。

冬季

天氣寒冷，要注意飲食豐富，以滿足身體需要的能量。

■ 應吃熱性食物

冬季寒冷，人體容易受寒，血液循環變慢，易引發心腦血管疾病，需要食用取暖禦寒的食物。熱性食物就是不錯的選擇，例如羊肉、牛肉、桂圓、紅棗等。

■ 應吃補腎食物

冬季氣溫下降，人的精氣受損，身體虛弱，容易手腳發涼，這時候需要補腎，應吃益腎強身的食物，例如黑米、黑豆、黑芝麻、黑木耳等。

7 食物搭配禁忌

隨着人們健康意識的增強，食補已經成為人們美食養生的一部分，但食補也要講究科學，根據中醫相生相剋的原理，食物搭配存在着一定禁忌。很多食物雖然富有營養，但如果搭配不當，不但影響其營養，有時還會對人體健康帶來危害。

■ 維他命C和含維他命C分解酶

富含維他命C的食物和含有維他命C分解酶的食物，最好不要搭配一起食用，因維他命C分解酶會將維他命C分解掉，降低食物的營養。

例如：富含維他命C的番茄，最好不要和富含維他命C分解酶的青瓜搭配食用。

■ 維他命A和生物活性物質

生物活性物質會影響人體對維他命A的吸收。因此，富含維他命A的食物不可與富含生物活性物質的食物搭配食用。

例如：紅蘿蔔和螃蟹。

■ 維他命C和銅元素

　　維他命C和銅元素發生反應，會使維他命C被氧化，失去食物的營養。因此，富含維他命C的食物不可與富含銅的食物搭配。

　　例如：雞肝和番茄。

■ 鈣和醛糖酸殘基

　　鈣和膳食纖維中的醛糖酸殘基發生反應，會產生人體不易消化的物質，引起人體腹脹、腹瀉。

　　例如：鮮榨豆漿和豬蹄。

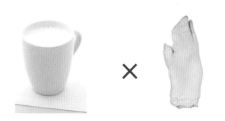

■ 鐵和植酸

　　鐵和植酸發生反應，會影響人體對鐵質的吸收。應避免將富含鐵質的食物和富含植酸的食物搭配。

　　例如：豬肝和山楂。

■ 蛋白質和植酸

　　蛋白質和植酸容易發生反應，影響人體對蛋白質的吸收。因此，富含蛋白質的食物和富含植酸的食物不適宜搭配。

　　例如：雞蛋和未全熟的豆漿。

■ 有機酸和葉綠素

　　有機酸和葉綠素發生反應，會降低食物的營養。因此，應避免將富含有機酸的食物和富含葉綠素的食物搭配食用。

　　例如：菠菜和醋。

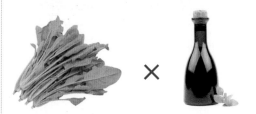

■ 鈣和磷

　　大量的磷會影響人體對鈣質的吸收，應避免將富含鈣和磷的食物搭配食用。

　　例如：牛奶和可樂。

8 多吃黑色食物好處多

■ 瞭解黑色食物

　　什麼是黑色食物？目前國內外的學者還沒有一個很明確的概念。國內研究認為，黑色食物是一種自然顏色為黑色，能夠調節人體某些生理功能的食物。這種看法的重點是強調食物的自然屬性和作用，經過加工而呈現黑色的食品不屬此概念範圍，如醬油等。國外研究則認為，顏色較黑或含有大量粗纖維的食物就是黑色食品。

　　這裏我們所說的黑色食物一般指自然顏色為黑色、含有黑色素的黑豆、黑芝麻、黑米等食品。

■ 黑色食物的作用

　　黑色食物富含蛋白質、脂肪、氨基酸和維他命，具有很好的保健功效，其中的黑色素類物質發揮了獨特的作用。具體來說，黑色食物具有以下幾種功效：

1. 延緩衰老

　　有的人看起來衰老較快，就是人體內的自由基引起過氧化反應，產生有害物質加速機體衰老。黑色食物中的黑色素和花青素等物質能夠減少自由基在氧化反應中的產生物，有效地清除人體內的自由基。

2. 預防貧血

　　一般黑色食物中的礦物質含量很豐富，其中包括對造血有重要作用的「鐵」，經常食用黑色食物能預防缺鐵性貧血，並達到改善營養性貧血的作用。所有貧血患者以及月經量過多的女性，可以多吃黑色食品。女性常吃黑色食物不僅可補血，還有美容養顏的作用，愛美女士可多食的黑色食物中，黑米對預防貧血的功效最顯著，所以稱它為「補血米」。

3. 防癌抗癌

黑色食物能達到防癌抗癌的作用，主要原因有兩點：第一點是有效地清除自由基，減少自由基過氧化反應導致人體形成腫瘤的可能性；第二點是因它能有效預防強致癌物質亞硝胺的形成。

4. 益智補腦

黑色食物含有花青素，其抗氧化能力特別強，能保護大腦不受到有毒物質侵害，從而保持正常的生理活動。

5. 降壓降脂

黑色食物對高脂血症，和由高脂血症引起的粥樣動脈硬化有很好的治療作用，因這類食物具有能降低血脂的元素，對治療心腦血管系統疾病很有療效。

6. 滋養腎臟

從中醫角度來看，黑色食物最主要的作用是益氣補腎，經常進食能滋養腎臟。

7. 滋養頭髮

若頭髮中的黑色素不足，頭髮會發黃、發白，這時候可以多吃黑色食物，補充黑色素，讓頭髮重新散發黑亮光澤。

8. 凝神靜氣，促進睡眠

睡眠質量高低，也是衡量個人健康與否的重要指標之一，因睡眠是人體每天必需經歷的生理過程。如個人的睡眠質量不好，機體得不到充分的休息，可能引起病變。多吃黑色食物，能夠讓大腦神經快速鎮靜下來，從而達到寧神靜氣的功效，對促進睡眠有很好的作用。

9. 提高免疫力

黑色食物富含多種礦物質元素和氨基酸，經常吃有助強身健體，提高人體的免疫能力。

10. 抵抗過激反應

眾所周知，適當的過激反應對人體有益，但如過激反應過度，對人體有很大的損害。常吃黑色食物能提高人體的免疫力，還能鎮靜安眠，對於頻繁的過激反應有很好的抵抗效果。

■ 常見的黑色食物

在日常生活中，黑色食物種類繁多，糧食常見的黑色食物有黑豆、黑米、黑粟米、黑芝麻等；水產品常見的黑色食物有生魚、青魚（黑鯇）、泥鰍、烏賊、海參、海帶、紫菜、菱角等；常見的禽畜類黑色食物有烏雞等；蔬菜的黑色食物有黑木耳、蘑菇、紫蘇、蕨菜等；果品的黑色食物有烏梅、黑棗、黑加侖子、桑甚等。

七大黑色食物及其功效	
黑米	富含各種B族維他命、鈣、鐵、磷等微量元素，益氣補腎、活血補腦，具有很好的補虛功能，對貧血、神經衰弱等疾病有很好的療效。
黑豆	富含維他命、核黃素、黑色素和其他微量元素，利水解毒、養腎補肝，兼具美容養顏、滋補秀髮的佳品。
黑芝麻	富含卵磷脂、蛋白質、鈣和鐵，尤其維他命E，能防止動脈硬化和冠心病等疾病的發生，強健筋骨、延緩衰老。
海參	富含蛋白質、多種維他命和微量元素，不含膽固醇，是動脈硬化、高血壓等疾病的治療佳品，其中的海參素具有抗癌的功效。
海帶根	富含碘、鈣、磷、鐵和各種維他命、粗纖維，是治療甲狀腺肥大、高血壓和冠心病的佳品。
紫菜	含有碘、鎂、鈣、鐵、硒等多種微量元素，被譽為「微量元素寶庫」，屬高蛋白、低脂肪和多維他命的食品，預防心腦血管疾病。
黑木耳	被譽為「素中佳肉」，因為其吸附力很強，能促進消化、清理腸道毒素。另外，黑木耳更達到補血的作用。

9 注意有毒食物

　　生活中我們接觸各種各樣的食物，但是在種類繁多的美食中，有很多卻含有毒物質，危害人體健康。看似美味的食品，我們在吃的時候一定要慎重。以下介紹生活中常常被大家忽略的有毒食物。

鮮木耳

註：含有卟啉類光感物質，引起日光皮炎。

原因：

　　新鮮的木耳含有對光線非常敏感的卟啉類光感物質，如果食用後受太陽光照射，有可能引起日光皮炎，甚至可能引發咽喉水腫和呼吸困難。因此，食用木耳的時候，盡量不要選擇新鮮的木耳。

解毒妙招：

　　喝點淡鹽水黑豆湯。

發芽馬鈴薯

註：馬鈴薯發芽部位含有茄鹼有毒物質，是其他部位的幾十倍，會引起中毒反應。

原因：

　　馬鈴薯是家庭食用頻率較高的蔬菜，營養非常豐富，但千萬不要食用發了芽的馬鈴薯，因含有茄鹼這種有毒物質。雖然馬鈴薯含有這種毒素，但成熟後的馬鈴薯一般不會引起中毒，如果馬鈴薯發了芽，發芽部位就會集中很多茄鹼，這時的毒素就是其他部位的幾十倍甚至更高。

解毒妙招：

　　馬鈴薯必需放在陰涼乾燥的地方，以免馬鈴薯發芽。如果進食時發現馬鈴薯已經發芽或外皮呈青綠色，最好不要食用。一旦中毒了，必需大量喝水。

鹹菜

註：鹹菜的亞硝酸鹽會導致人體缺氧。

原因：

　　鹹菜含有亞硝酸鹽，若人體攝入過多的話，讓血液中的血紅蛋白發生氧化反應，變成高鐵血紅蛋白，甚至阻止血紅蛋白釋放氧氣，導致人體缺氧，產生中毒反應。因此，食用鹹菜不要過量，正在發育的兒童盡量不要食用。

解毒妙招：

　　最好食用新鮮的蔬菜，做成醃菜也要在一個月之後，徹底清洗乾淨才可食用。

四季豆

註：若四季豆未煮熟，其中含有皂素等有毒物質，可引發中毒。

原因：

　　沒有煮熟的四季豆含有毒物質──皂素，這種物質刺激人體腸道，而其中的亞硝酸鹽和胰蛋白酶會刺激人體腸道，使人出現食物中毒現象，出現胃痛、腸胃炎等症狀。因此，食用四季豆時，必需煮熟後才食用。

解毒妙招：

　　炮製四季豆時，徹底炒或煮熟即可。

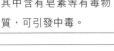

蠶豆

註：未煮過的蠶豆含有毒物質，容易誘發蠶豆病。

原因：

　　蠶豆是很多人喜愛的小零食，但卻會導致有些體內缺乏葡萄糖-6-磷酸脫氫酶的人產生蠶豆病。食用蠶豆時宜慎重，最好煮熟後才食用。家中有這類遺傳疾病的，無論生、熟蠶豆都不能吃。

解毒妙招：

　　蠶豆必需煮熟後才能吃，不要吃剛採摘回來的蠶豆，以免中毒。

金針菜

註：新鮮的金針菜含有秋水仙鹼，氧化後會產生劇毒，危害健康。

原因：

　　金針菜含有秋水仙鹼，雖然這種物質本身無害，但當它在體內發生氧化反應後，會產生有劇毒的二秋水仙鹼，這對人體的消化系統和泌尿系統帶來危害，嚴重威脅健康。

解毒妙招：

　　不要食用新鮮的金針菜，每位成年人每天食用鮮金針菜的量不能超過50g，否則導致中毒。

木薯

註：新鮮的木薯塊根含有毒物質，食用後易誘發中毒。

原因：

　　木薯除了塊根富含澱粉之外，其他部分都含有毒物質，尤其是新鮮的木薯塊根，所以食用木薯時一定要謹慎。如果不慎吃了沒有煮熟的木薯，木薯中的有毒物質經過胃酸分解後會產生劇毒物質氫氰酸，使人中毒。如果食用超過150~300g的生木薯，可能導致死亡。

解毒妙招：

　　木薯在食用前先將皮去掉，在清水浸泡一天，再經煮熟加工後，可以清除有毒物質。

青色番茄

註：未成熟的番茄經胃酸分解後，會導致人體中毒。

原因：

　　青色番茄或還沒成熟的番茄含有非常穩定的鹼性物質，經胃酸分解之後，會感到嘴裏發麻，嚴重的會導致中毒。因此，應盡量避免食用青色番茄。

解毒妙招：

　　待青色番茄變紅之後就可以食用了。另外，青色番茄煮熟後也可食用。

杏仁

註：未加工的杏仁含有氰化物，容易使人中毒。

原因：

　　杏仁的味道非常獨特，深受大家喜愛，成為很多餡餅的主要成分，但是杏仁卻含有氰化物，食用不當很容易引起中毒。因此，食用杏仁時必需謹慎，最好將杏仁煮熟後才食用，避免食用生杏仁。

解毒妙招：

　　避免食用生杏仁，杏仁在食用前必需經過加熱，才能去除毒性。

10 隔夜忌食的食物

由於各種原因，總有些剩飯剩菜吃不完，倒掉又覺得浪費，所以不知不覺養成了吃剩飯剩菜的習慣。還有的是由於不想麻煩，所以一次做很多，吃不完待下一餐直接吃了。其實這些隔了夜的食物吃起來不僅口感不好，還會對消化造成影響，嚴重的還會危害身體健康。盡量不要吃剩飯剩菜，尤其是隔夜的食物。

■ 雞蛋

很多人說雞蛋可以隔夜吃，例如茶葉蛋，但也有很多人說雞蛋不能隔夜吃，尤其是男性。至於雞蛋究竟能否隔夜吃不能一概而論，如雞蛋沒煮熟的話，隔夜後很容易滋生細菌，吃了之後很可能導致腸胃不適。如果雞蛋已經煮熟的情況下，只要密封後放在冰箱保存，第二天可以繼續食用。

也就是說，雞蛋究竟能不能隔夜吃，不能只加熱，而是要看在第一次煮的時候究竟有沒有煮熟，只有第一次把雞蛋煮熟了，隔夜熱透後能繼續吃。

■ 茶

隔夜茶是一定不能喝的，因為過了一夜之後，茶葉中的維他命已經基本消失了，而且其中的蛋白質、糖類等營養元素還會成為細菌滋生的溫床。也就是說，隔夜茶已是細菌多於營養，不宜飲用了。

■ 銀耳湯

銀耳湯具有很好的滋補作用，但隔夜後營養會流失，生成硝酸鹽類和亞硝酸鹽等有害物質。如果喝了隔夜的銀耳湯，亞硝酸鹽會和血紅蛋白中的氧氣發生氧化反應，造成機體缺氧，影響人體正常的造血功能。銀耳湯最好是現做現喝，不要隔夜。

■ 莖葉蔬菜

很多蔬菜中都含有硝酸鹽，如長時間放置，在細菌分解作用下，會形成亞硝酸鹽。亞硝酸鹽對人體的危害很大，即使第二天加熱也不能去除，最好不要吃隔夜的莖葉蔬菜。

如想多做一點放在第二天熱着吃，可以多做一些瓜類和根類蔬菜，因為這類蔬菜的硝酸鹽含量比莖葉類少很多。

■ 湯

很多人喜歡將喝不完的湯放在冰箱，留待第二天再喝，但是喝這種隔夜湯並不健康。湯最好的保存方法是不放鹽，如當天喝不完，也不要用不銹鋼鍋和鋁質金屬鍋存放，最好存放在陶瓷或玻璃器具。

■ 魚和海鮮

吃了隔夜的魚和海鮮後，會傷害肝腎；因海產隔夜後營養成分會流失，而海鮮的烹煮時間一般較短，有些耐高溫的細菌並沒有完全被殺死，一旦冷卻就可能再生，所以千萬不要吃隔夜的魚和海鮮。

■ 滷味

很多人喜歡將吃不完的滷味放在冰箱保存，但隔夜的滷味並不適合食用，尤其是春夏季節。宜購買適量滷味，以現買現吃為佳。

 養 生 提 醒

為了身體健康應盡量避免食用隔夜食物，除了以上所列食物外，一般食物隔夜後，最好加熱後才食用，尤其是湯類，最好重新煮滾，可達到殺菌消毒的作用。

11 食物營養烹調技巧

食物中含有各種各樣能滿足人體需求，使人體保持健康的營養素，但如果採用了不正確的處理方法或烹製方法，很有可能導致營養流失；所以在瞭解食物本身所含的營養後，還應該掌握一些保留食物營養的烹調技巧，讓食物更美味、更健康。

■ 相同種類食物的烹製方法

要想盡可能保留食物的營養，應該根據食物的種類選擇適合的方法烹調。因為食物的種類不一樣，營養成分和結構也不同，我們需要瞭解幾種主要食物的烹製方法。

1. 米麵類食物

做米飯時，一般需要先淘米，淘洗時浸泡的時間不宜過長，淘洗次數也不宜太多，不然其中的水溶性維他命和無機鹽會流失。而且米湯中含有大量的無機鹽、碳水化合物和蛋白質，不要隨便丟棄。

在蒸饅頭或熬粥時，千萬不要放鹼，這樣會破壞其中的維他命B群和維他命C。

2. 肉類食物

1 冷凍前最好分成塊

肉類食物不宜一大塊放入冰箱冷凍，也不宜用熱水加速解凍，因為魚肉經過反覆冷凍會導致營養流失，還會影響口感。最好先將肉類分成小塊，每次要吃的時候拿出一小塊即可。

2 選擇合適的烹調方式

肉類的蛋白質、脂肪、無機鹽等營養成分比較穩定，在烹製的過程中損失較少；但是不同的烹調方式，損失的營養成分也不一樣，最好是選用快炒，營養成分流失最少。而且，炒肉類的時間不宜過長，不然肉質會老化，不利於消化吸收。

3 煮肉時起鍋前調味

肉類含有豐富的蛋白質，在烹製過程中，如過早調入食鹽，會使肉類的蛋白質凝固，降低食物的營養，同時影響食物的味道。所以，烹製肉類時，建議熄火前調入食鹽。

3. 蔬菜類食物

1 蔬菜應先洗後切

蔬菜清洗和刀切的順序，與營養成分保留有很大的關係。如果先將蔬菜切好再清洗，蔬菜和空氣的接觸面會增加，很多營養成分容易氧化，水溶性的營養元素也會隨水而逝。所以，蔬菜最好是先洗後切，這樣營養成分的流失是最少的。

2 炒菜的時候盡量不要加水

炒蔬菜最好用大火爆炒，避免長時間燉煮，即使燉煮也要蓋上鍋蓋，避免水溶性營養元素隨着水蒸氣流失。而且，炒菜時盡量不要加水，避免水溶性維他命流失。可以適當地加一點醋，既能調味又能保護維他命C，避免其流失。

3 加熱時間不宜太長

很多蔬菜在加熱的過程中，營養成分會流失，因為蔬菜的很多營養成分都怕熱，當溫度超過80℃會受到破壞，故蔬菜應該避免長時間加熱。

4 變質或腐敗的食物不宜食用

變質腐敗的食物不宜食用，食用後會引起食物中毒。

■ 不同的烹調方法，對食物營養的影響

食物的烹調方法多種多樣，採用不同的烹調方法，食物營養的流失也會受到影響。

  ★這種方法能夠完整地保存食物的顏色、營養結構，是最有效保留營養的烹製方法。蒸製的食物有很多種類，如大米、饅頭、包子等，都很受人們喜愛。需要注意的是，蒸製食物時，注意添加適量的水。

  ★很好地保留食物的顏色和營養，但如果煮的時間太長，很多營養素會分解到水中。而且，很多水溶性維他命也會伴隨水蒸氣流失。食物切得越碎，和水接觸得越多，營養流失越嚴重。

  ★很多綠葉蔬菜、水果，能生吃的盡量生吃，這樣能最大限度地獲得營養。像生菜如果烹調食用，不僅影響美味，還容易造成營養流失。

炒

★炒是比較常用的烹調方法，因比煎炸來說，用油量沒有太多，油溫也沒太高；所以只要能夠控制用油量，多翻炒，保證食物受熱面均勻即可。需要注意的是，炒菜時油溫不要過高，否則會破壞食物的營養成分，還會產生過氧化物，影響健康。

燉

★很多食物的營養在燉湯的時候會溶解湯內，蛋白質和維他命也較易消化。若燉湯的時間太長，維他命C和維他命B群會受到破壞；所以避免高溫燉湯，最好選用文火慢燉。

煎炸

★煎炸的食物口感很好，但食物的抗氧化物會被破壞殆盡，還會增加過氧化物和致癌物質。在煎炸過程中，食物的維他命會大量流失。

燒烤

★燒烤和煎炸一樣，會破壞肉類的維他命B群，尤其用明火燒烤的食物，產生的過氧化物和致癌物質會附在燒烤肉面。所以，最好在燒烤前先塗上一層橄欖油或其他食用油，維他命E能中和部分自由基，能有效減少自由基含量。

水燙

★必需待水煮滾後才放入食物，時間不能太長，也可以分幾次分開下鍋，可減少維他命C流失，例如菠菜等容易煮熟的蔬菜，水燒開後，在水裏燙一下即可撈出，否則很容易煮爛，影響口感。

微波爐加熱

★對於短時間加熱的食物影響不大，但如果時間較長，會因溫度過高而影響食品的營養。

■ 正確使用各種調味料

很多食物在烹調加工過程中，會令營養流失，合理地使用各種調味料不但提高食物的口感，還有利於保留食物的營養，提高膳食質量。

1. 醋

在食物烹製的過程中，稍微加點醋，可以保護食物的維他命免受氧化反應破壞。尤其製作涼拌蔬菜或烹製魚肉時，提前加點醋能保護維他命，減少損失。

2. 上漿掛糊

先把食物用澱粉和雞蛋上漿，烹調時表面會形成一層保護膜，減少營養元素和空氣的接觸，有效保護營養元素，而且還能有效防止蛋白質過分變質。

3. 酵母發酵

能增加食物的美味和營養，並有利於消化吸收。

4. 勾芡

勾芡使用的澱粉含有硫氫基，這種物質具有保護維他命C的作用。

5. 不要太早加鹽

食物用旺火快炒的時候不要太早放鹽，若過早加鹽令食物中的滲透壓提前增加，使水溶性的營養素流失或發生氧化反應。

■ 保留食物營養的烹調方法

想在烹調過程中保留食物的營養，除了上述幾種方式之外，還有一些食物需要不同的烹調方式來保留營養。另外，食物儲存時間的長短和使用的烹製器具，也對食物的營養產生影響，這些需要特別注意的。

◎存放時間忌太長

每次購買食物的數量不要太多，因為食物存放的時間越長，營養素流失越多。一旦食物長時間存放，會增加和空氣、陽光的接觸，很多具抗氧化作用的維他命會流失，建議現買現吃，吃多少買多少。

◎最好選用鐵鍋

用鐵鍋烹調食物時放入番茄或檸檬，能提升鐵的吸收量。如果將富含鐵質的食物和酸性食物一起煮，可以將鐵的吸收量提升將近10倍。

◎大蒜不要太早下鍋

　　大蒜具有很強的保健作用，但其抗癌物質會被高溫破壞。大蒜拍碎後，待餸菜上碟前再放上，這樣能有效地降低營養素被破壞的程度了。

◎紅蘿蔔先煮後切

　　將整個紅蘿蔔用水煮熟後再切，其抗癌物質會比先切後煮多出四分之一。如果先切後煮，紅蘿蔔的營養素會流失在水中，反之則能鎖住營養素，讓紅蘿蔔吃起來更加美味。將整個紅蘿蔔水煮時，內含的糖分也較高，故建議紅蘿蔔先煮後切。

◎紅蘿蔔宜和肉燉煮

　　紅蘿蔔營養豐富，被譽為「小人參」，其中含有大量的β-胡蘿蔔素，這種物質只有經過切碎、煮熟和咀嚼後才能被人體利用。所以，紅蘿蔔不宜直接生吃或煮湯，最好的方式是和肉燉約20分鐘，最有利於人體吸收紅蘿蔔的營養。

◎花菜類用微波爐加熱

　　椰菜花、西蘭花等經過水煮之後，抗癌物質會被破壞殆盡，維他命C也會大量流失，用微波爐直接加熱，讓維他命C能保留90%以上。

◎別急着去掉果皮

　　很多蔬果的果皮含有豐富的營養元素，如茄子、蘋果和馬鈴薯等。表皮就是預防營養素流失的第一道屏障，只要食物的表皮在烹調後能被人體消化，都要盡可能保留表皮。茄子最宜帶皮烹製；處理馬鈴薯時，可將表皮刮洗乾淨才烹調。

各種體質選食宜忌

體質類型		判斷標準
陰寒型		平時四肢發涼，怕冷，喜暖，很少出汗。經常有關節疼痛、舌苔厚白、腹痛腹瀉等現象，容易患傷風感冒、風濕性關節炎等疾病。
陰虛型		多表現為形體消瘦，容易心煩，手心、足心易發熱、出汗，經常感到口乾舌燥，頭暈耳鳴，咽乾目澀，大便乾結，睡眠質量也很差。
陽亢型		經常面紅耳赤，喜冷怕熱，容易出汗、口渴，愛吃冷食，染病之後身體容易發熱，大便乾結，小便發黃，舌苔厚且呈深黃色，脈搏跳動有力。
陽虛型		多表現為手足發涼，體溫偏低，喜暖怕冷，經常感到精神疲倦，四肢痠軟無力，睡眠時間偏長，脈搏跳動虛弱無力，容易有腫脹、陽痿、腹瀉等疾病。
氣鬱型		多表現為胸悶脹滿，精神失落，性格憂鬱，多愁善感，形體消瘦，沒有食慾，時有噯氣、咽部阻塞、痛經、乳房脹痛等現象，易受驚嚇，經常失眠。
氣虛型		多表現為面色發白、沒有光澤，氣短無力，寡言少動，食量較小，容易感到疲勞，舌紅肥大，脈搏跳動緩慢無力，容易患感冒，而且不易痊癒。
血瘀型		多表現為面色晦暗、無光澤，刷牙時牙齦易出血，口唇發暗、發紫，眼眶發黑，眼睛有血絲，運動時容易胸悶，經常肢體疼痛，記憶力較弱，情緒不穩定。
血虛型		多表現為面色枯黃或泛白、無血色，口唇乾燥、無光澤，頭暈目眩，肢體麻木，脈搏虛弱無力，健忘，精神恍惚，易受驚嚇，經常失眠。
痰濕型		多表現為體態肥胖，皮膚多油，經常出汗，眼睛腫脹，稍作運動會感到胸悶氣喘，肢體痠軟無力，容易疲倦，性格多穩重、溫和、善於隱忍。
濕熱型		多表現為面部易生油垢，多痤瘡、粉刺，舌苔黃而膩，容易感到困倦，大便黏滯，小便濃黃，性格暴躁，男性陰囊潮濕；女性白帶發黃、有異味。

宜選飲食	忌選飲食
應常食溫性食物，以袪寒補陽。常見的溫性食物有薑、大葱、韭菜、桂圓、蓮子、核桃、花生、羊肉、蝦等。	不宜多吃寒性食物，如西瓜、梨、甘蔗、柿子、海帶、番茄、苦瓜、蟹、冬瓜、綠豆、紫菜、通菜、醬油等。
應常食滋陰補虛的食物，如小麥、黑芝麻、糯米、雞蛋、蜂蜜、豬肉、鴨肉、木耳、銀耳、大白菜、葡萄、百合等。	不宜多食花生、黃豆、荔枝、桂圓、韭菜、大葱、薑、大蒜、辣椒、花椒、胡椒、羊肉等性溫食物。
應多吃具有清熱去火功效的食物，如苦瓜、蓮子、苦丁茶、番茄、馬蹄、百合、蕨菜、薺菜、香蕉、芒果等。	不宜多食辛辣、油膩食物，如大葱、薑、大蒜、辣椒、花椒、洋葱、燒烤食物、各種肥肉、煙、酒、忌廉類糕點等。
應多吃具有溫陽、補虛、散寒效果的食物，如羊肉、雞肉、鵝肉、豬肚、韭菜、核桃、栗子、黑豆、茴香等。	不宜多吃性寒生冷食物，如兔肉、鴨肉、鴨蛋、牛奶、蟹、甲魚、柿子、柚子、無花果、西瓜、番薯、冬瓜等。
應多食具有理氣、養脾作用的食物，如小麥、高粱、大葱、大蒜、苦瓜、海帶、金針花、海藻、山楂、玫瑰花等。	不宜多食大米、羊肉、蟹、紅棗、核桃、椰子、洋薑、楊桃、咖啡、辣椒、胡椒等辛辣食物。
應多吃健脾益氣食物，如山藥、小米、糯米、香菇、番薯、紅棗、蓮子、牛肉、雞肉、人參、海參、鱸魚等。	不宜多食大蒜、胡椒、苦瓜、蠶豆、芫茜、薄荷、大頭菜、山楂、柿子、橙、柚子、煙、酒等耗氣之物。
應多吃具有活血散瘀、理氣解鬱效果的食物，如粟米、黑豆、蘿蔔、柑、橙、柚子、山楂、玫瑰花、紫菜、海藻等。	不宜多食番薯、栗子、蠶豆、烏梅、苦瓜、柿子、花生、肥肉、蛋黃、鹽、味精等容易導致脹氣或影響氣血運行的食物。
應多吃補血益氣的食物，如紫米、糯米、豬肉、豬紅、菠菜、木耳、黑芝麻、紅蘿蔔、紅棗、黃芪、桂圓肉等。	不宜多食有活血作用的食物和油炸食品，如大蒜、辣椒、花椒、薄荷、海藻、白酒、生蘿蔔、菊花、油條等。
應常吃具有除濕化痰作用的食物，如薏仁、紅豆、青瓜、冬瓜、椰菜、柑、荷葉、芥末、黃芪、茯苓等。	不宜多吃有生痰助濕作用的食物，如李子、柿子、石榴、紅棗、柚子、梨、山楂、枸杞、肥豬肉等高脂肪食物。
應多吃具袪熱除濕作用的食物，如黑豆、芫茜、綠豆芽、冬瓜、木瓜、山藥、絲瓜、紅豆、西瓜、生薑、蓮藕等。	不宜多吃辛辣、高熱食物和甜食，如羊肉、牛肉、豬肉、鴨肉、薑糖、胡椒、花椒、栗子、韭菜、煙、冷飲等。

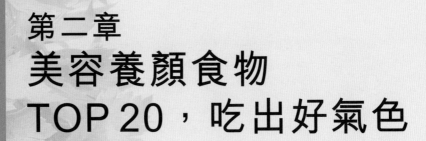

第二章
美容養顏食物
TOP 20，吃出好氣色

　　食物不僅能滿足人體所需要的營養，還有補血養顏的作用。哪些食物有補血養顏的作用？怎麼吃會更養顏、更健康呢？下面推薦20種最具補血養顏功效的食物給大家，愛美人士可根據自己的需要，選擇適合自己的食物。

以下是具有補血養顏功效的20種食物，能有效地幫助人體排出毒素，達到補血養顏的作用。

前 _{20名}
美容養顏食物排行榜

食物名稱	上榜原因	食用功效	主要營養成分
番茄	■番茄紅素是一種抗氧化劑，對美容、防衰老有很好的作用，並且在炎熱的夏季有良好的防曬作用。	美容養顏、預防心血管疾病	維他命B群、蛋白質、葉酸、維他命A、胡蘿蔔素、鉀、維他命C
青瓜	■含有黃瓜酶，能有效地促進人體的新陳代謝，將人體的毒素排出體外。	清熱解毒、養肝、減肥、美容養顏	蛋白質、脂肪、鈣、鐵、胡蘿蔔素、膳食纖維
芹菜	■含有豐富的膳食纖維，有清理腸道毒素的作用，達到排毒養顏之目的。	美容養顏、養血補虛、利尿消腫、清熱解毒	碳水化合物、蛋白質、脂肪、維他命C、膳食纖維、鐵、鉀
苦瓜	■含很多膳食纖維，達到清理腸道毒素的作用，也有利於排毒養顏。	清熱解毒、排毒養顏、消除疲勞	維他命C、維他命E、膳食纖維、蛋白質、鉀
紅蘿蔔	■含菸鹼素，可預防皮膚病，避免皮膚黑色素沉澱，讓皮膚光滑亮潔。	養顏護膚、清肝明目、潤腸通便	碳水化合物、維他命A、維他命C、菸鹼素、類胡蘿蔔素、木質素
豬蹄	■含大量膠原蛋白質，能促進皮膚的儲水功能，讓皮膚滋潤細膩。	增加皮膚彈性、補虛、通乳	蛋白質、鎂、維他命A、維他命E、鈣、鐵、鉀
蘋果	■含有果膠和有機酸，能將人體內的毒素和廢物排出體外，達到美容養顏的效果。	排毒養顏、促進新陳代謝	維他命C、維他命E、膳食纖維、有機酸、果膠、胡蘿蔔素
草莓	■當中的鞣花酸能阻止人體對有害物質的吸收，防止黑色素過度氧化在皮膚上形成黑斑或色斑。	美容養顏、預防心血管疾病	維他命C、維他命E、蛋白質、鞣花酸、果膠、纖維素、鈣
菠蘿	■含有維他命B₁，有滋潤皮膚、防止乾裂的作用，還達到增強機體免疫力的效果。	養顏美容、止渴解煩、消腫祛濕、醒酒益氣	膳食纖維、維他命C、維他命B₁、蛋白質、胡蘿蔔素、鈣、鉀

蓮子	■含豐富的維他命C，能防止皮膚乾燥、皴裂，讓皮膚更加細膩。	益心補腎、健脾止瀉、固精安神、美容養顏	碳水化合物、維他命C、維他命E、蛋白質、鎂、鈣、纖維素
奇異果	■含有維他命E，能潤澤肌膚，消除皮膚上的雀斑和暗瘡，增強皮膚的抗衰老能力。	美容養顏、止渴除煩、利尿通便	維他命C、維他命E、膳食纖維、鋅、胡蘿蔔素、鈣、鉀
雞肝	■含有維他命A，遠比奶蛋含量高得多，能預防皮膚乾燥，讓皮膚呈現健康膚色。	補血益氣、滋潤皮膚、清肝明目	維他命A、維他命C、維他命E、鐵、鈣、鎂
豬紅	■含有血漿蛋白，能在人體內產生一種解毒、清腸的分解物，將人體的毒素排出體外。	排毒養顏、補血益氣	蛋白質、鐵、鈣、磷、維他命E、鎂、鉀
雞蛋	■蛋黃富含卵磷脂，卵磷脂分解膽鹼，健腦益智，還能防止皮膚衰老，使皮膚光滑有彈性。	改善皮膚、強健骨骼、預防認知障礙症	蛋白質、鐵、維他命E、維他命A、卵磷脂、鈣
海參	■含有豐富的硒元素，避免人體細胞膜受氧化的傷害，避免皮膚老化。	補腎壯陽、益精填髓、補血養顏、抗衰老	蛋白質、維他命E、鎂、鈣、硒、鉀、鐵
鯇魚	■含有大量不飽和脂肪酸，當中的亞油酸是肌膚美容劑，能預防皮膚乾燥、粗糙。	澤膚養髮、強心補腎、舒筋活血、消炎化痰	蛋白質、鈣、磷、鐵、維他命A、維他命E、鎂
海帶	■含硒和多種礦物質，用海帶熬成的湯汁泡澡，可潤澤肌膚，使皮膚清爽細滑、光潔美麗。	補腎壯陽、益精填髓、補血養顏	粗蛋白、鐵、維他命B$_1$、維他命B$_2$、維他命E
薏仁	■含有維他命B$_1$、維他命B$_2$，是一種美容食品，使人體皮膚保持光滑細膩，消除粉刺、色斑，改善膚色。	補血養顏、利水消腫、健脾祛濕、舒筋除痺	蛋白質、維他命E、鉀、鐵、鈣、磷
黑芝麻	■含有豐富的維他命E，有較強的抗氧化作用，經常食用能清除自由基，改善膚質，減緩皮膚老化的速度。	養顏潤膚、烏髮美髮、補鈣、健腦益智	鐵、維他命E、脂肪酸、鈣、蛋白質、鉀
燕麥	■含有β-葡聚糖，能夠鎖住人體皮膚角質層的水分，達到保濕美容的作用。	美容養顏、預防心血管疾病	維他命E、膳食纖維、燕麥β-葡聚糖、蛋白質、鈣、鎂、鐵

1
補血養顏

番茄

美容養顏、抗衰老

✓ 適宜人士：一般人士
✗ 不適宜人士：腸炎患者、脾胃虛寒者和月經期的女性

■ **別稱**
西紅柿、洋柿子

■ **食用功效**
美容養顏、清熱
利尿、預防心血
管疾病

■ **性味**
性寒，味甘

✦ 番茄的美容養顏成分

1 維他命A、維他命C

番茄含有豐富的維他命A、維他命C，有淡化色斑、使皮膚細膩紅潤的作用。另外，番茄也是很好的抗氧化劑，長期食用能保持血管壁彈性，有抗衰老的效果。

2 茄紅素

茄紅素是一種抗氧化劑，對於美容、防衰老有很好的作用。

3 食物纖維

番茄含有很多膳食纖維，促進胃腸蠕動，加快人體新陳代謝，使人體的廢物和毒素儘快地排出體外。番茄還有清腸排毒的作用，對美容養顏有很好的效果。

4 鉀

番茄含有豐富的鉀元素，每100g番茄含鉀量約179mg。鉀元素有維持體內水分平衡、促進人體新陳代謝的作用，能將人體多餘的水分、尿液、毒素排出體外，有利清除腸道的毒素，達到補血養顏的作用。

✓ 番茄的食用宜忌

✓ 一般人均可食用，但一日食用不可過多。

✓ 口舌乾燥、食慾不振者宜食用。

✓ 適宜熱性病發熱、口渴、食慾不振、習慣性牙齦出血者食用。

✗ 番茄不宜久煮，也不宜空腹食用。

✗ 選購時避免選擇帶有贅生物的番茄。

✗ 脾胃虛寒者盡量少食番茄。

• **選購技巧**：選擇果實飽滿、有光澤、紅透的果實，切忌選擇未熟的番茄。

• **儲存竅門**：成熟的番茄在冰箱能放置三天左右，但切忌放在冷凍室內冷藏，否則會凍爛，每次不要購買太多。

✚ 番茄的搭配宜忌

 ＝ 強健身體 ✓

番茄含有豐富的維他命、鈣質、胡蘿蔔素和其他微量元素；雞蛋也含有豐富的蛋白質和鈣質。兩者搭配食用，營養更豐富，常食有強健身體的作用。

 ＝ 增強食慾 ✓

番茄具有健胃消食、養陰生津的功效；椰菜花含有豐富的礦物質元素，兩者搭配，有增強食慾、預防便秘的功效。

 ＝ 利尿降壓 ✓

番茄有清熱利尿、美容養顏的功效；茭白有清熱解毒的作用。兩者搭配可清熱解毒、利尿降壓，對於高血壓、水腫等症有很好的治療作用。

 ＝ 胃腸不適 ✗

番茄性寒，味甘；螃蟹性寒。如兩者搭配食用，會引起腸胃不適，應盡量避免。

🍴 番茄的營養吃法

番茄麵

材料：

雞蛋1個，番茄3個，
麵條100g，蔥白1段，
薑3片，鹽、麻油、番茄醬
各適量。

做法：

番茄切片；蔥、薑切末。雞蛋倒入碗內拌打；鍋中放油，油熱後放入薑蔥爆香，加入番茄炒2分鐘，再放入番茄醬，加入適量水燒至沸騰；加入麵條再次煮沸；蛋液倒入鍋快速攪散；淋入麻油，下鹽拌勻即可。

功效：清熱利尿、美容養顏

番茄的營養元素表(每100g)

★ 維他命B 0.06mg	★ 胡蘿蔔素 375μg
★ 蛋白質 0.9g	★ 鉀 179mg
★ 葉酸 5.6μg	★ 維他命C 14mg
★ 維他命A 63μg	

青瓜

2 補血養顏

排毒養顏、清熱降火

■ 食用功效
清熱解毒、養肝、減肥、美容養顏

■ 性味
性寒，味甘，有微毒

■ 別稱
胡瓜、刺瓜、黃瓜、王瓜

✓ **適宜人士**：高脂血症、慢性肝炎、酒精中毒及肥胖者
✗ **不適宜人士**：支氣管炎患者

✦ 青瓜的美容養顏成分

1 葫蘆素C

青瓜的末端吃起來有些苦，因含有大量的苦味素，當中含有大量的葫蘆素C，有排毒養顏的功效。青瓜並有抗氧化、減少皺紋的作用，對美容養顏有很好的效果。如因日曬引起皮膚發黑、粗糙，用青瓜片擦抹患處，有很好的改善效果。

2 黃瓜酶

青瓜含有黃瓜酶，能有效地促進人體的新陳代謝，將人體的毒素排出體外，對美容養顏有很好的效果。

3 維他命E

青瓜籽含有大量的維他命E，它是一種強氧化劑，能夠防止皮膚老化引起的肌膚變老，讓皮膚保持細膩光澤而富有彈性。

✓ 青瓜的食用宜忌

✓ 一般人均可食用。

✓ 生食青瓜時，要注意清洗乾淨，以免表面殘存農藥。

✓ 肥胖者、高血壓、水腫患者及癌症患者適宜食用。

✓ 糖尿病患者食用青瓜，有利於緩解病症。

✓ 青瓜末端含有較多苦味素，有防癌的作用，盡量不要丟棄。

✗ 肝病、心血管病、腸胃病及高血壓患者盡量避免食用醃製的青瓜。

✗ 脾胃虛弱、腹痛腹瀉、肺寒咳嗽者應少吃青瓜。

• **選購技巧**：選購青瓜時，要選擇新鮮、水靈、身上較多刺的，吃起來比較爽脆。

• **儲存竅門**：夏天的青瓜保存不好會長白毛，防止青瓜長白毛的方法是不要亂堆亂放，最好放在籃子內，放置於涼爽的地方，通風散熱，降低菜溫，以控制微生物的生長。

+ 青瓜的搭配宜忌

 +  = 潤燥平胃 ✓

青瓜有排毒養顏的功效；木耳含有多種營養成分。二者同食，有減肥、滋補、活血等多種功效，很適合愛美的女士滋補身體和減肥食用。

豆腐性寒，含碳水化合物極少，有潤燥平火作用。搭配性味甘寒的青瓜，具有清熱利尿、潤燥平胃的作用。

 + = 排毒養顏 ✓

 + = 腹脹腹瀉 ✗

青瓜含有豐富的維他命K，有強健骨骼的作用；雞蛋含有大量鈣質。兩者同食，有利於鈣質吸收，對於人體骨骼的強健有很好的作用。適合骨質疏鬆的老年人及正發育的青少年食用。

青瓜性寒；花生多油脂，兩者同時食用增加滑利之性，易造成人體腹脹、腹瀉。因此，腸胃消化功能薄弱的人，應盡量避免將青瓜和花生搭配食用。

♙ 青瓜的營養吃法

青瓜拌蝦仁

材料：

青瓜2條，蝦仁15g，蒜3瓣，紅椒絲、鹽、醋各適量。

做法：

青瓜洗淨，去皮、切小段，放於碟上；蝦仁灼熟，放在青瓜面；蒜製成蒜汁，加入醋、鹽拌勻；最後倒入混合調味汁、紅椒絲撒在青瓜面即可。

功效：

清熱解毒、美容養顏。

青瓜的營養元素表(每100g)

★ 蛋白質 0.6~0.8g	★ 維他命C 約18mg
★ 脂肪約 0.2g	
★ 膳食纖維 約1.9g	
★ 鈣 15~19mg	
★ 鐵 0.2~1.1mg	
★ 胡蘿蔔素 0.2mg	

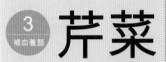

3
補血養顏

芹菜

潤腸通便、美容養顏

- 別稱
  水芹、
  旱芹

- 性味
  性平,味甘

- 食用功效
  美容養顏、養血
  補虛、清熱解毒

✓ **適宜人士**:一般人士

✗ **不適宜人士**:脾胃虛寒、血壓偏低者

✦ 芹菜的美容養顏成分

① 鐵元素

芹菜含鐵量較高,有補血養顏的功效。經常食用芹菜,可以避免皮膚蒼白乾燥、神色黯淡無光,使人氣色紅潤、頭髮光亮。

② 膳食纖維

芹菜含有豐富的膳食纖維,加快胃和腸的蠕動,讓廢物儘快排出體外,有清理腸道毒素的作用,達到排毒養顏之目的。

③ 揮發性物質

芹菜的葉、莖含有一種揮發性物質,它不僅芳香,更有助促進人體消化,加快人體的新陳代謝,將人體的毒素排出體外,有美容養顏的功效。

④ 維他命C

芹菜含有維他命C,在促進膠原纖維合成的同時,也能清除自由基,是美容養顏不可缺少的物質。

✓ 芹菜的食用宜忌

✓ 一般人士皆可食用。

✓ 尤其適合高血壓、高脂血症患者食用。

✓ 肝火過旺者、心煩氣躁者宜食。

✗ 不宜丟掉芹菜葉,其所含的胡蘿蔔素和維他命C比莖多,含鐵量也十分豐富。

✗ 芹菜有降血壓作用,因此血壓偏低者慎食。

✗ 芹菜性涼質滑,故脾胃虛寒者不宜食用。

✗ 芹菜與青瓜、南瓜、蛤蜊、雞肉、兔肉、鱉肉、黃豆、菊花均相剋。

選購技巧:應選擇芹菜葉較嫩、莖乾清脆的,避免選擇顏色發黃的芹菜。

儲存竅門:將買來的芹菜放在塑料袋,再放入冰箱蔬果格,可放置4~5天。蔬菜放置時間長了,水分易流失,最好隨買隨吃。

+ 芹菜的搭配宜忌

 + = 美容減肥 ✓

芹菜清熱利尿，並含有大量的膳食纖維，有美容減肥的作用；牛肉含有豐富的蛋白質、鈣、鐵等營養元素。兩者搭配食用，既營養又有瘦身作用，很適合愛美和減肥者食用。

 = 排毒養顏 ✓

芹菜有潤腸通便、美容減肥的作用；豆腐生津解毒。兩者搭配食用，達到排毒養顏、美容瘦身的作用，是減肥食譜的上佳食品。

 = 預防高血壓 ✓

芹菜和豆乾搭配食用，營養豐富，對預防高血壓、動脈硬化等十分有益，並有輔助治療作用。

+ = 降低營養 ✗

芹菜和黃豆搭配，雖然作為涼菜很美味，但芹菜所含的鐵質跟黃豆含有的元素發生反應，影響人體對鐵的吸收，造成營養流失，應盡量避免將芹菜和黃豆一起食用。

🍴 芹菜的營養吃法

芹菜炒豆乾

材料：

香芹2棵，豆乾300g，蒜5瓣，食用油、鹽、醬油各適量。

做法：

蒜切末；芹菜去葉、切段；豆乾切細條。將適量油倒入鍋，燒熱後放入蒜末爆香，下芹菜入鍋煸炒至8成熟；將豆乾放入鍋同炒，調入鹽、醬油炒至熟，即可盛出食用。

功效：美容養顏、養血補虛

芹菜的營養元素表(每100g)	
★ 碳水化合物 4.8g	★ 鐵 0.2mg
★ 蛋白質 0.6g	★ 膳食纖維 2.6g
★ 脂肪 0.1g	★ 鉀 15mg
★ 維他命C 12mg	

4
補血養顏

苦瓜

清熱解毒、排毒養顏

- 別稱
  涼瓜
- 性味
  性寒，味苦
- 食用功效
  清熱解毒、
  消除疲勞

✓ **適宜人士**：一般人士，尤其肝火旺盛者

✗ **不適宜人士**：月經期女性、身體虛弱者

✦ 苦瓜的美容養顏成分

① 維他命C和礦物質

含有豐富的維他命C和礦物質，有滋潤白皙皮膚、鎮靜和保濕皮膚的作用。

② 維他命E和鉀

維他命E是一種很強的抗氧化劑，能有效地預防皮膚老化，對淡化皺紋、滋潤皮膚達到很好的作用。苦瓜含有豐富的鉀元素，能夠有利於人體的水電解質平衡，將體內多餘的水分和毒素排出體外，有排毒養顏的作用。

③ 膳食纖維

苦瓜含有很多膳食纖維，每100g苦瓜的膳食纖維含量達2.1g，膳食纖維能促進胃腸蠕動，將人體的雜質和有毒物質排出體外，達到清理腸道毒素的作用，也有利於排毒養顏。

④ 苦瓜蛋白

含具有生物活性的蛋白質，有清除人體內有害物質的作用，幫助人體排毒，故對美容養顏有很好的作用。

✓ 苦瓜的食用宜忌

✓ 一般人士皆可食用。

✓ 肝火旺盛者、長青春痘者宜食。

✓ 夏季天氣酷熱時，吃適量的苦瓜可清熱。

✗ 苦瓜一次不要食用太多，以免引起食物中毒。

✗ 苦瓜易刺激子宮收縮，容易導致流產，孕婦應禁食。

✗ 身體虛弱、脾胃虛寒者忌食苦瓜。

✗ 骨質疏鬆者盡量避免食用太多苦瓜。

選購技巧：挑選苦瓜時，選擇表面果瘤多而飽滿的苦瓜，代表皮肉厚而清脆。

儲存竅門：用保鮮紙將苦瓜包裹，放在冰箱蔬果格，能儲存4~5天的時間。苦瓜盡量不要放太長時間，否則出現萎縮、水分流失，影響口感。

✚ 苦瓜的營養搭配

 + = **排毒養顏** ✓

苦瓜性寒、味苦，有清熱解毒、排毒養顏、消除疲勞的作用；薑有暖胃散寒、消除疲勞的作用。兩者搭配食用，有助消除疲勞、排毒養顏。

 + = **減肥降壓** ✓

苦瓜和雞蛋搭配，不僅能減輕苦瓜的苦味，吃起來更美味，還有減肥降壓、清熱解暑、清肝明目的功效。

 + = **補血養顏** ✓

苦瓜清熱解毒、排毒養顏、消除疲勞。鴨紅有強健機體、清熱的作用。兩者搭配食用，有補血養顏、強健機體的作用。愛美的女士可常吃苦瓜，除了強身健體，還能使皮膚紅潤。

 + = **美容養顏** ✓

苦瓜和青椒均含豐富的維他命和纖維素，兩者搭配同食，可達到美容養顏、減肥瘦身和抗衰老的作用，非常適合愛美、想瘦身的女士食用。

🍴 苦瓜的營養吃法

涼拌苦瓜

材料：

苦瓜2個，車厘茄1顆，鹽、麻油、醬油、醋各適量。

做法：

苦瓜去蒂、去瓤，切成如圖所示的滾刀狀，放入鹽水醃數小時以去除苦味。苦瓜放入開水燙一下，立即撈出用涼開水過涼；車厘茄去籽、去蒂，洗淨、切絲，放碗內用鹽醃5分鐘，瀝乾水分。將苦瓜和車厘茄整齊排於碟內，灑入鹽，均勻地淋入醬油、麻油和醋，即可食用。

功效：美容養顏、清熱解毒、消除疲勞

苦瓜的營養元素表(每100g)	
★ 維他命C 56mg	★ 鉀 161mg
★ 膳食纖維 2.1g	★ 維他命E 0.85mg
★ 蛋白質 0.8g	★ 鈣 14mg

5
補血養顏

紅蘿蔔

養顏護膚、清肝明目

✓ **適宜人士**：一般人士
✗ **不適宜人士**：飲酒過量者

■ **別稱**
　胡蘿蔔、
　黃蘿蔔、
　丁香蘿蔔

■ **食用功效**
　養顏護膚、
　清肝明目

■ **性味**
　性平，味甘

✦ 紅蘿蔔的美容養顏成分

① 維他命A

　　紅蘿蔔含有豐富的胡蘿蔔素，可在人體轉成維他命A。每100g紅蘿蔔含約16mg維他命A。維他命A是脂溶性維他命，可預防皮膚乾燥，防止皮膚蛻皮，有滋潤皮膚的作用，皮膚乾燥者不妨多食用紅蘿蔔。

② 維他命B₃

　　紅蘿蔔含有菸鹼素，每100g紅蘿蔔中維他命B₃的含量約0.79g，可預防皮膚病，避免皮膚黑色素沉澱，讓皮膚光滑亮潔。

③ 維他命

　　紅蘿蔔含有大量維他命，其中維他命A、維他命C和維他命E的含量很豐富，能刺激皮膚的新陳代謝，促進血液循環，讓皮膚光滑細膩、紅潤有光澤。

④ 木質素

　　紅蘿蔔含有豐富的木質素，每100g紅蘿蔔的木質素含量約7.9g。木質素能夠加快人體的新陳代謝，使人體的廢物、雜質和毒素排出體外，有效清理腸道內毒素，達到美容養顏的作用。

✓ 紅蘿蔔的食用宜忌

✓ 高血壓、便秘者宜食。

✓ 糖尿病、夜盲症患者宜食。

✓ 紅蘿蔔熟食更利於營養吸收。

✗ 忌食用過多，過量食用可引起皮膚變黃。

✗ 紅蘿蔔不宜切碎後水洗，或長時間浸泡水中。

• **選購技巧**：應選擇顏色呈橘紅色、粗細均勻、肉厚的紅蘿蔔。

• **儲存竅門**：用保鮮紙包裹紅蘿蔔，放入冰箱蔬果格，可放置7天左右。對於已煮熟的紅蘿蔔，盡量不要放置太長時間，最好現吃現做，保持食物新鮮性。

➕ 紅蘿蔔的營養搭配

紅蘿蔔含有豐富的維他命和微量元素；牛肉含有豐富的鐵質和鈣質。兩者搭配食用，紅蘿蔔能吸收牛肉的脂肪，不但避免太油膩，還能補充全面營養。

黃芪有補脾益氣的作用，配以維他命含量豐富的紅蘿蔔，有增加營養、補虛強身的作用。

紅蘿蔔和山藥搭配，有健脾補中、解毒消炎、和胃益氣的功效，可用來防治脾胃虛弱、便秘、腹脹等症。

🍴 紅蘿蔔的營養吃法

紅蘿蔔菠菜麵

材料：

刀削麵300g，紅蘿蔔半個，菠菜2棵，葱1棵，高湯、料酒、調味料、鹽各適量。

做法：

葱切葱花；菠菜切段；紅蘿蔔切丁。在炒鍋內倒入油燒至6成熱，放入葱花，加入紅蘿蔔丁、調味料翻炒，倒入高湯煮滾即可盛出。在鍋內加入水燒開，放入刀削麵及少許鹽同煮，待麵條煮熟盛入碗；菠菜灼水後放入碗。將紅蘿蔔湯汁加入麵條內，並撒上少許葱花，即可食用。

功效：美容養顏、清肝明目、潤腸通便

紅蘿蔔的營養元素表(每100g)

★ 碳水化合物 8.8g	★ 維他命E 0.41mg
★ 維他命A 16mg	
★ 維他命B$_3$ 0.79g	
★ 類胡蘿蔔素 60mg	
★ 木質素 7.9g	
★ 維他命C 13mg	

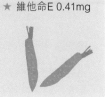

6 補血養顏 豬蹄

淡化色斑、延緩衰老

■ 別稱
豬蹄、豬手

■ 性味
性平，味甘鹹

■ 食用功效
增加皮膚彈性、補虛弱、和血脈

✓ 適宜人士：一般人均可食用
✗ 不適宜人士：肝膽病、動脈硬化、高血壓患者

✦ 豬蹄的美容養顏成分

1 膠原蛋白質

豬蹄含有大量膠原蛋白質，在烹調過程中可轉化成明膠，而且結合水可增強細胞的代謝功能，促進皮膚的儲水能力，讓皮膚滋潤細膩，防止皮膚產生皺紋，延緩皮膚衰老。

2 維他命A和維他命E

富含維他命A和維他命E，具有抗氧化的作用，使皮膚變得細膩而有光澤，防止皮膚老化。常食豬蹄不僅達到強身健體的作用，還使皮膚變得光滑有彈性，對色斑和皺紋有很好的淡化作用。

3 鐵

豬蹄含有豐富的鐵質，常食豬蹄有效地補充人體紅血球需要的鐵質，使皮膚紅潤有光澤，而且有效地預防皮膚暗沉、暗淡、沒有光澤。

4 鉀

豬蹄含有豐富的鉀元素，有助人體的代謝，避免出現水腫，有助皮膚緊緻。另外，豬蹄可減輕失眠，也是豐胸養顏的重要食品。

✓ 豬蹄的食用宜忌

✓ 豬蹄是老人、女性和手術後患者、失血者的食療佳品。
✓ 豬蹄燉黃豆是營養非常豐富的美食。
✓ 豬蹄宜與魷魚同食，可補氣養血。

✗ 肝臟疾病、動脈硬化、高血壓患者應忌食。
✗ 晚餐吃得太晚或臨睡前不宜吃豬蹄，以免增加代謝負擔。
✗ 豬蹄脂肪含量高，胃腸消化功能減弱的老年人每次不可食用過多。

• **選購技巧**：選購豬蹄時，要選擇色澤紅亮、沒有特殊氣味的。

• **儲存竅門**：豬蹄最好現吃現買，如果一次吃不完，可以將生豬蹄放在冰箱冷凍室內，需要食用時再解凍烹調。

豬蹄的營養搭配

 + = **補氣養血** ✓

　　豬蹄含有豐富的鐵、鈣等營養元素，有補血養顏的作用；魷魚也含大量營養物質。兩者搭配食用，營養豐富，有補氣養血的功效。

 = **補虛養血** ✓

　　豬蹄有壯腰補膝和通乳之功，可用於腎虛所致的腰膝痠軟，以及產婦產後缺少乳汁之症。豬蹄和絲瓜搭配熬湯，有利於產後下乳，補虛養血。

 = **通乳** ✓

　　豬蹄和花生搭配熬湯食用，不僅味道鮮美，還有養血通乳的作用。適用於女性產後缺乳及乳汁分泌不足等症。

 + = **養血健脾** ✓

　　豬蹄和紅棗搭配食用，具有養血健脾的作用。適合用於貧血、血小板減少症、白血球減少和產後缺乳等病症。

豬蹄的營養吃法

黃豆燉豬蹄

材料：

豬蹄2隻，薑片20g，蒜50g，葱段30g，黃豆20g，醬油、糖、料酒、鹽適量。

做法：

豬蹄放入開水氽燙後，清洗乾淨待用；黃豆泡發；鍋內放油，油熱後放入蒜、葱段、薑片爆香，下豬蹄炒5分鐘，加入黃豆、水、料酒、醬油、糖、鹽等煮滾，用文火燉煮至汁水收乾、豬蹄軟腍即可。

功效：美容養顏、通乳活血

豬蹄的營養元素表(每100g)

★ 蛋白質 23.6g	★ 鈣 33mg
★ 鎂 5mg	★ 鐵 1.1mg
★ 維他命A 35mg	★ 鉀 54mg
★ 維他命E 0.1mg	

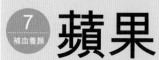

7
補血養顏

蘋果

美容養顏、促進消化

- **別稱** 蛇果、蜜蘋果、青龍蘋果
- **性味** 性平,味甘
- **食用功效** 排毒養顏、促進新陳代謝

✓ 適宜人士:一般人士
✗ 不適宜人士:結腸炎、糖尿病、冠心病患者

✦ 蘋果的美容養顏成分

1 果膠和有機酸

蘋果含有果膠和有機酸,能加快胃腸蠕動,將人體內的毒素和廢物排出體外,達到美容養顏的效果。

2 維他命C

含有豐富的維他命C,每100g蘋果含維他命C約1g。維他命C能減少黑色素沉澱,使皮膚光滑細膩。

3 膳食纖維

蘋果含有大量的膳食纖維,能加強胃腸蠕動,潤腸通便,有利於人體毒素的排除,從而有利於美容養顏。

4 維他命E

蘋果含有豐富的維他命E,每100g蘋果含維他命E 2.12mg。維他命E是一種抗氧化劑,可以延緩皮膚衰老,減少皮膚皺紋,讓皮膚更光滑、細膩。

＋ 蘋果的營養搭配

蘋果和牛肉搭配同食,蘋果的纖維素可減少人體吸收牛肉所含的膽固醇,從而有助於降低膽固醇。

蘋果性味甘涼,具有生津、潤肺、健脾、排毒之功效,和紅棗搭配食用,有補血養顏的功效,對脾胃虛弱、中氣不足、倦怠乏力等症也有輔助治療作用。

蘋果的營養元素表(每100g)

★ 維他命C 4g	★ 維他命E 2.12mg
★ 纖維素 1.2g	★ 胡蘿蔔素 20μg
★ 有機酸 0.9g	★ 維他命A 3μg
★ 鈉 1.6mg	★ 維他命B₃ 0.2mg

8 補血養顏 草莓

美容養顏、淡化色斑

- **■ 別稱**
  洋莓、地莓、紅莓

- **■ 食用功效**
  潤腸通便、預防心血管疾病

- **■ 性味**
  性涼，味甘酸

✓ **適宜人士**：一般人士均可
✗ **不適宜人士**：腹瀉、尿道結石、腎功能不佳者

✦ 草莓的美容養顏成分

1 維他命C

草莓含有豐富的維他命C，能阻止人體黑色素沉澱，對色斑有預防作用，是美容養顏的上好水果。

2 果膠

果膠能將人體的毒素和有害物質包裹，通過刺激腸胃蠕動，加快新陳代謝，達到美容養顏的功效。

3 鞣花酸（Ellagic acid）

鞣花酸能阻止人體對有害物質的吸收，防止黑色素過度氧化在皮膚上形成黑斑或色斑。女性常吃草莓，對皮膚、頭髮均有保健作用，美國人已把草莓列入十大美容食品。

4 維他命E

草莓含有豐富的維他命E，維他命E是一種強氧化劑，能防止皮膚衰老、減少皮膚皺紋。

＋ 草莓的營養搭配

 + = **促進鐵吸收** ✓

草莓含有豐富的維他命和鐵元素；核桃中含有豐富的微量元素。兩者搭配食用，能夠促進鐵元素的吸收，有利補血益氣、美容養顏。

 + = **補血養顏** ✓

含鐵豐富的草莓與富含維他命C的麥片搭配食用，有利於身體對鐵質和維他命的吸收，達到補血養顏的作用。

草莓的營養元素表(每100g)

★ 維他命C 50mg	★ 維他命E 0.7mg
★ 蛋白質 1.0g	★ 鈣 18mg
★ 鞣花酸 57mg	
★ 果膠 1.5g	
★ 纖維素 1.1g	

菠蘿

9 補血養顏

排毒養顏、止渴解煩

- **別稱**：鳳梨、黃梨
- **性味**：性平，味甘酸
- **食用功效**：養顏美容、醒酒益氣

✓ 適宜人士：身熱煩渴、消化不良、高血壓者等

✗ 不適宜人士：糖尿病患者、對菠蘿過敏者

✦ 菠蘿的美容養顏成分

① 維他命C

菠蘿含豐富的維他命C，每100g菠蘿含維他命C 46mg，對美容養顏有很好的作用。

② 維他命B₁

菠蘿含有維他命B₁，有滋潤皮膚、防止乾裂的作用。

③ 蛋白酶

菠蘿含有豐富的菠蘿蛋白酶，每100g菠蘿含有蛋白酶達0.1g，蛋白酶可以分解食物的蛋白質，增加胃腸蠕動，促進新陳代謝，將身體的毒素排出體外，有利於排毒養顏。

④ 纖維素

菠蘿含有豐富的纖維素，能促進胃腸蠕動，加快身體的新陳代謝，將體內廢物和有毒物質排出體外，清理腸胃毒素，有利於身體的排毒養顏，達到美容的效果。

＋ 菠蘿的搭配宜忌

= 養胃生津 ✓

菠蘿有止渴解煩、消腫祛濕的作用；杏仁潤肺養胃、清肝明目。兩者搭配，有潤肺止渴、養胃生津的作用，很適合口乾煩躁、腸胃不適者食用。

= 影響消化 ✗

雞蛋含有豐富的蛋白質；菠蘿含有大量的果酸。兩者搭配食用，雞蛋的蛋白質和菠蘿的果酸結合，容易令蛋白質凝固，不利消化吸收。

菠蘿的營養元素表(每100g)

★ 纖維素約 12g	★ 胡蘿蔔素 20μg
★ 維他命C 46mg	★ 鈣 12mg
★ 維他命B₁ 1mg	★ 鉀 113mg
★ 蛋白質 0.5g	

10 補血養顏 蓮子

潤腸通便、美容養顏

- 別稱
  蓮寶、蓮米、藕實

- 性味
  性平，味甘澀

- 食用功效
  美容養顏、預防心血管疾病

✓ 適宜人士：一般人士均可
✗ 不適宜人士：大便乾結者、腹脹者

蓮子的美容養顏成分

1 纖維素

蓮子含有豐富的纖維素，促進人體胃腸蠕動，加快人體的新陳代謝，將人體中廢物和有毒物質排出體外，利於人體的排毒養顏。

2 維他命C

蓮子含有豐富的維他命C，每100g蓮子含維他命C約5mg。維他命C能夠防止皮膚乾燥、乾裂，讓皮膚更加細膩，是美容養顏的重要物質。

3 維他命E

蓮子的維他命E含量很豐富，每100g蓮子含維他命E約2.7mg。維他命E是一種強氧化劑，能防止皮膚衰老、減少皮膚皺紋。經常食用蓮子，能使皮膚變得紅潤、細膩、有光澤。

4 鈣、鎂

蓮子中鈣、鎂含量很豐富，鈣、鎂對於人體的新陳代謝、排毒養顏發揮重要作用，是美容健身不可或缺之物。

蓮子的搭配宜忌

 = 減肥祛斑 ✓

蓮子含有豐富的營養物質，有益腎健脾、美容養顏的作用，常食能預防皮膚生斑、淡化色斑；銀耳也有美容減肥的作用。兩者搭配食用，有減肥祛斑的功效，很適合愛美的女士食用。

 = 影響健康 ✗

蓮子性平，味甘；而螃蟹性寒，是微毒之物，需要和熱性食物搭配。如果蓮子和螃蟹搭配，食用後不利於人體的健康。因此，應盡量避免將蓮子和螃蟹搭配一起食用。

蓮子的營養元素表(每100g)

★ 碳水化合物 67g	★ 維他命E 2.7mg
★ 蛋白質 17.2g	★ 鎂 242mg
★ 纖維素 3g	★ 鈣 97mg
★ 維他命C 5mg	

11 補血養顏 奇異果

利尿通腸、美容養顏

- **別稱**
  獼猴桃、
  毛桃、
  山洋桃

- **性味**
  性寒，味甘、酸

- **食用功效**
  美容養顏、
  止渴除煩

✓ **適宜人士**：食慾不振、便秘者、心血管疾病患者
✗ **不適宜人士**：慢性胃炎、腹瀉、痢疾者

✦ 奇異果的美容養顏成分

1 維他命C

奇異果的維他命C含量位於水果之首。維他命C能夠清除自由基，補充人體營養的同時，還有利於美容養顏。

2 維他命E

維他命E能美麗肌膚，消除皮膚上的雀斑和暗瘡，增強皮膚的抗衰老能力，達到美容養顏的效果。

3 膳食纖維和寡糖

奇異果含有大量的膳食纖維和寡糖，能促進胃腸蠕動，加速人體的新陳代謝，讓人體的廢物和毒素儘快排出體外，達到美容養顏的效果。

4 微量元素

奇異果含有豐富的微量元素鈣、鐵、鋅、磷、鈉等物質。這些物質能夠加快人體的新陳代謝，將人體多餘的廢物、雜質和毒素排出體外，達到美容養顏的效果，讓皮膚細膩、紅潤及有光澤。

✓ 奇異果的食用宜忌

✓ 情緒低落、常吃燒烤者宜食。
✓ 食慾不振、便秘、高血壓及心血管疾病患者宜食。
✓ 食用酸辣食物後宜食奇異果。

✗ 脾胃虛寒的人士禁食。
✗ 妊娠期的婦女最好少吃或不吃。
✗ 食用奇異果後，不宜馬上喝牛奶或吃其他乳製品。

- **選購技巧**：挑選外型飽滿，沒有損傷、黑點、發霉、皺紋，聞時帶點微香的。

- **儲存竅門**：將堅硬未熟透的奇異果放在米袋內，用米覆蓋，2~3天即變熟。成熟的奇異果不可儲存太長時間，最好馬上食用，以免變質。

奇異果的搭配宜忌

 = 促進鐵質吸收 ✓

奇異果含有豐富的維他命C；牛肉也含豐富的鐵質和鈣質。兩者搭配，可促進人體對鐵的吸收。

 = 促進維他命E吸收 ✓

奇異果含有豐富的維他命C，與富含維他命E的乾瑤柱搭配食用，促進維他命E的吸收，有利於美容養顏、防癌抗癌。

+ = 益氣補血 ✓

奇異果含有豐富的鐵質，有補血養顏的作用；紅棗有補血養顏、強腎補虛的作用，也是補血的佳品。兩者搭配煮粥食用，有益氣補血的功效，很適合氣虛、貧血者滋補身體。

+ = 腹脹腹瀉 ✗

奇異果含有鞣酸；牛奶含有豐富的鈣質。奇異果和牛奶搭配食用，易使鞣酸和鈣質發生反應，生成人體不易消化的物質，造成腹瀉、腹痛。

奇異果的營養吃法

水果拼盤

材料：

奇異果2個，山藥2根，櫻桃10顆，紅豆20粒，乳酪100ml。

做法：

將山藥、紅豆處理乾淨，在鍋內煮熟；山藥切成圓厚片；櫻桃洗淨、去核；奇異果去皮、切片；將上述材料擺放在果盤中，加入乳酪即可食用。

功效：

生津解渴、美容養顏。

奇異果的營養元素表(每100g)

★ 膳食纖維 2.6g	★ 鈣 27mg
★ 維他命C 86mg	★ 鉀 144mg
★ 維他命E 2.46mg	
★ 鋅 57mg	
★ 胡蘿蔔素 300μg	

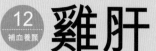

12
補血養顏

雞肝

排毒養顏、養氣補血

■ 食用功效
補血益氣、
滋潤皮膚、
清肝明目

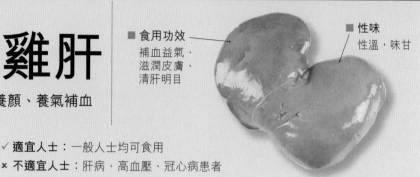

■ 性味
性溫,味甘

✓ 適宜人士:一般人士均可食用
✗ 不適宜人士:肝病、高血壓、冠心病患者

✦ 雞肝的補血養顏成分

① 維他命C

維他命C是皮膚健美的重要物質,雞肝含有維他命C和礦物質硒,其中每100g雞肝中含維他命C 7mg,在提高人體免疫力的同時,還能抗氧化、美容養顏、防止皮膚過早衰老。

② 維他命E

雞肝中含有豐富的維他命E,維他命E是一種很強的抗氧化劑,使皮膚細膩、紅潤及有光澤;有效地預防皮膚過早老化,出現皺紋或黑斑等。

③ 磷、鉀

雞肝含有豐富的磷、鉀,其中每100g雞肝含鉀量高達222mg。這些營養物質能加快人體的新陳代謝,有助體內的毒素排出,有利美容養顏。

④ 維他命A

雞肝含有豐富的維他命A,比鮮奶、雞蛋含量高得多,能預防皮膚乾燥,呈現健康膚色。

⑤ 鐵

雞肝含有豐富的鐵質,是身體合成白血球的必要元素,適量吃雞肝,使面色紅潤、皮膚細膩。

✓ 雞肝的食用宜忌

✓ 一般人均可食用。

✓ 貧血患者宜食。

✓ 骨質疏鬆者適宜食用。

✗ 肝病、高血壓、冠心病患者少食。

✗ 食用雞肝的時候,一定要煮熟才食用,否則對身體健康不利。

✗ 選購雞肝時,要選擇新鮮的。放置時間太長的雞肝,應避免食用。

選購技巧:選購雞肝時,要選擇淡紅色,摸起來自然富有彈性的。

儲存竅門:雞肝最好現買現食,避免放置太長時間。如果一次食用不完,最好放在冰箱,可存放2~3天。對於放置太長時間的雞肝,盡量避免食用。

➕ 雞肝的營養搭配

 ＝ 瘦身美容 ✓

雞肝含有豐富的維他命和微量元素，有美容養顏的作用；芹菜有美容減肥的作用。兩者搭配，有瘦身美容的功效，很適合愛美的女性食用。

 ＝ 補肝益腎 ✓

雞肝和桑葚搭配食用，有補肝腎、熄風止痛的作用。用於慢性肝炎、肝腎陰虧、便秘、目暗、耳鳴等症。

 ＝ 補血益氣 ✓

雞肝和菠菜含有豐富的鐵質，是合成白血球的必要元素，能滿足人體血液的補充，有美容養顏的作用。雞肝和菠菜搭配食用，有利於補血益氣。

 ＝ 補肝益腎 ✓

雞肝含有豐富的鐵質，韭菜有很好的補腎壯陽作用，兩者搭配食用，有很好的行氣理血、補腎溫陽的作用。

🍴 雞肝的營養吃法

雞肝炒芹菜

材料：

芹菜1棵，雞肝50g，青、紅椒各1個，鹽、油、薑各適量。

做法：

雞肝放在鍋內煮熟，放涼後切片；辣椒洗淨，切成小段；薑洗淨，切片；芹菜洗淨，切段，放入熱水灼1分鐘，過涼水。鍋內放入油，油熱後放入薑片、辣椒爆香，再放入芹菜、雞肝炒5分鐘，關火，放入調料料拌勻即可。

功效：美容養顏、潤腸通便

雞肝的營養元素表(每100g)

★ 鈣21 mg	★ 維他命E 1.88mg
★ 維他命A 5mg	★ 鎂 16mg
★ 維他命C 7mg	★ 鉀 222mg
★ 鐵 8.2mg	★ 蛋白質 16.6g

13 補血養顏 豬紅

補血養顏、益氣健脾

- **別稱**
  豬血
- **性味**
  性溫，味甘苦
- **食用功效**
  排毒養顏、預防失眠多夢

✓ **適宜人士**：一般人士均可食用，尤其是貧血患者
✗ **不適宜人士**：肝病、高血壓、冠心病患者

✦ 豬紅的補血養顏成分

1 鐵

含有豐富的鐵質，每100g豬紅含鐵質15mg，能達到補血養顏的作用，適當吃些豬紅，使皮膚紅潤有光澤。

2 血漿蛋白

豬紅含有血漿蛋白，能夠在人體中產生一種解毒、清腸的分解物，將人體的毒素排出體外，達到排毒養顏的作用。

3 鋅、銅

豬紅含有微量元素鋅、銅等物質，可提高人體的免疫力，防止人體衰老，讓人永保青春。

4 蛋白質

豬紅含有豐富的蛋白質，每100g豬紅含蛋白質16g。蛋白質經過胃酸分解後，能產生一種消毒及潤腸的物質，與對人體有害的金屬微粒發生反應，將有毒物質帶出體外，達到美容養顏的作用。

+ 豬紅的營養搭配

= 養血止血 ✓

豬紅含有豐富的蛋白質、鈣、鐵等營養物質，有排毒養顏、預防失眠多夢、認知障礙症等的作用。和菠菜搭配食用，可潤腸通便、養血止血。

= 補血養顏 ✓

豬紅和韭菜搭配食用，不僅味道美味，也有補虛壯陽、養顏補血作用，很適合腎虛、臉色暗淡者食用。

豬紅的營養元素表(每100g)

★ 蛋白質 16g	★ 鎂 5mg
★ 鐵 15mg	★ 鉀 56mg
★ 鈣 69mg	
★ 磷 2mg	
★ 維他命E 0.2mg	

14
補血養顏

雞蛋

細膩皮膚、強化骨骼

- 別稱
  雞卵、雞子

- 性味
  性平，味甘

- 食用功效
  改善皮膚、強健骨骼、預防認知障礙症

✓ 適宜人士：一般人士均可

✗ 不適宜人士：腎臟病、冠心病患者和膽固醇高人士

✦ 雞蛋的補血養顏成分

1 卵磷脂

蛋黃富含卵磷脂，健腦益智之餘，也能防止皮膚衰老，使皮膚光滑有彈性。

2 鐵

雞蛋含有鐵質，是人體合成白血球的必要元素，能滿足人體血液的補充，達到補血養顏的作用，讓皮膚紅潤有光澤。

3 微量元素

雞蛋富含鈣、鎂、磷、鉀等微量元素，其中鈣質含量最為豐富，每100g雞蛋含鈣56mg；含鎂量也很豐富，每100g含鎂10mg。這些營養物質能補充人體所需，對人體的美容養顏發揮重要的作用。

4 維他命E

雞蛋除了含有豐富的鈣、鐵，還有維他命E，能防止皮膚乾燥，讓皮膚變得更光滑、有彈性。

↻ 雞蛋的食用宜忌

✓ 一般人均能食用，但一次食用量不要太多。

✓ 嬰幼兒、孕婦、產婦、老人、病人特別適合食用。

✓ 煮雞蛋是保持最多營養的方法。

✗ 雞蛋富含蛋白質，發燒時不要食用，以免不易消化。

✗ 雞蛋膽固醇含量高，重度高膽固醇血症、腎臟疾病患者忌食。

✗ 食用生雞蛋易引起腸胃不適，盡量避免食用。

選購技巧：選購雞蛋的時候，最好選擇外殼粗糙、聞起來有些腥味的雞蛋。

儲存竅門：雞蛋儲存時，最好不要清洗；因用水清洗雞蛋，蛋殼的膠狀物質會溶解水中，細菌和微生物可從小孔乘虛而入。

雞蛋的搭配宜忌

 + = **不利消化** ✘

雞蛋含有豐富的卵磷脂和鈣質,補充大腦之餘,也有美容養顏的作用;番茄富含維他命,也是美容養顏的上佳蔬菜。兩者搭配,既能補充營養又達到美容養顏的作用。

雞蛋富含蛋白質,醋含有醋酸,兩者搭配食用會發生反應,產生不利於身體消化的物質。因此,盡量避免二者搭配食用。

 + = **美容養顏** ✓

雞蛋含有豐富的維他命和鈣質;椰菜花含有大量的鐵質和維他命。兩者搭配,不但可促進人體對維他命的吸收,還有利於美容養顏。

雞蛋的營養吃法

雞蛋湯

材料:

青、紅甜椒各1個,
芫茜2棵,雞蛋2個,
鹽、生粉、麻油各適量。

做法:

青甜椒、紅甜椒、芫茜切丁;雞蛋拂打待用。將青、紅甜椒和適量水倒入鍋內,煮至沸騰;生粉加水勾芡,淋入鍋內,加入蛋液快速攪散,撒上芫茜末、淋入麻油,即可關火享用。

功效:

強健筋骨、美容養顏。

雞蛋的營養元素表(每100g)

★ 碳水化合物 2.8g
★ 蛋白質 13.3g
★ 維他命E 0.03g
★ 卵磷脂 394mg
★ 維他命A 234μg
★ 鈣 56mg
★ 鎂 10mg

海參

15
補血養顏

益精壯陽、美顏養生

■ 別稱
海瓜、刺參、海鼠

■ 性味
性溫，味鹹

■ 食用功效
補腎壯陽、益精填髓、美容養顏、抗衰老

✓ **適宜人士**：一般人士，尤其身體虛弱者
✗ **不適宜人士**：感冒、急性腸炎者等

✦ 海參的美容養顏成分

1 維他命E

海參含有豐富的維他命E，能預防細胞膜的脂肪氧化，避免細胞膜受自由基傷害；也能防止色素沉澱，避免色斑或老年斑形成。

2 鐵

含有豐富的鐵質，每100g海參含鐵質13.2g。鐵是人體合成白血球的必需元素，達到補血養顏的作用，讓皮膚紅潤有光澤，適合膚色暗淡人士食用。

3 硒

海參含有豐富的硒元素，每100g含硒64μg。硒元素是一種很強的抗氧化劑，減少自由基，避免人體細胞膜受氧化的傷害，避免皮膚老化。

4 鈣、鎂

海參含有豐富的鈣、鎂等，是人體必需的微量元素，是美容養顏不可缺少的營養。

+ 海參的搭配宜忌

＝ 強身健體 ✓

海參含有大量的蛋白質、鎂、鈣；雞蛋含有蛋白質、卵磷脂。兩種食物搭配食用，有利於人體骨骼強健。

＝ 降低營養 ✗

海參含有豐富的鈣質；竹筍含有大量的草酸。兩種食物搭配食用會發生反應，影響人體對鈣質的吸收，造成營養流失，避免海參和竹筍搭配食用。

海參的營養元素表(每100g)

★ 蛋白質 16.5g	★ 硒 64μg
★ 維他命E 3.14mg	★ 鉀 43mg
★ 鎂 149mg	★ 鐵 13.2g
★ 鈣 285mg	

鯇魚

16 補血養顏

舒筋活血、淡化皺紋

■ 別稱
草魚、草苞

■ 性味
性溫，味甘

■ 食用功效
澤膚養髮、舒筋活血、消炎化痰

✓ 適宜人士：一般人均可食用
✗ 不適宜人士：月經期女性

✦ 鯇魚的補血養顏成分

① 不飽和脂肪酸

鯇魚含有大量的不飽和脂肪酸，當中的亞油酸是肌膚美容劑，預防皮膚乾燥、粗糙，淡化皺紋。

② 硒

鯇魚含豐富的硒元素，每100g鯇魚含硒約46mg。經常食用硒有抗衰老、養顏的功效。

③ 核酸和鋅

鯇魚除含有豐富的蛋白質、脂肪外，還含有核酸和鋅，有增強體質、延緩衰老的作用。研究表明，多吃鯇魚對腫瘤、癌症等有一定的防治作用。

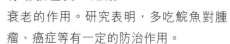

④ 維他命E

鯇魚含有豐富的維他命E，每100g含維他命E 2mg，淡化色斑，讓皮膚更加細膩。

＋ 鯇魚的營養搭配

+ □ = **利水消腫** ✓

鯇魚含有豐富的蛋白質和不飽和脂肪酸；豆腐含有豐富的鈣質。兩者搭配營養豐富，更具補中和胃、利水消腫的功效。

+ = **舒筋活血** ✓

鯇魚和薑搭配料理，能祛除鯇魚的腥味，還有舒筋活血、溫經止痛的良好功效，很適合女性補養身體食用。

鯇魚的營養元素表(每100g)

★ 蛋白質 約20g
★ 鈣 95mg
★ 磷 約130g
★ 鐵 4.5g
★ 維他命A 11μg
★ 維他命E 2mg
★ 鎂 31mg

17
補血養顏

海帶

清熱利水、光潔皮膚

- **別稱**
  江白菜、昆布

- **性味**
  性寒,味鹹

- **食用功效**
  美容瘦身、清熱
  利水、祛脂降壓

✔ **適宜人士**:甲狀腺腫大、高血壓、糖尿病患者
✘ **不適宜人士**:脾胃虛寒者、孕婦

✦ 海帶的美容養顏成分

1 粗纖維

海帶含有豐富的粗纖維,食用後能促進人體的新陳代謝,讓體內的雜質和有害物質儘快排出體外,達到排毒養顏的效果。另外,多食海帶也可避免人體脂肪堆積,有美容瘦身的作用。

2 碘

海帶含有大量的碘。碘是合成甲狀腺素的必要元素,甲狀腺素能調節人體的新陳代謝,達到美容養顏的作用。

3 維他命E和硒

海帶含有豐富的維他命E和硒元素,兩者是很強的抗氧化劑,預防細胞提前被氧化而造成皮膚衰老。長期食用海帶使皮膚更光滑、細膩、富有彈性。

4 硒

海帶含有硒和多種礦物質,用海帶熬成湯汁泡澡,可潤澤肌膚,使皮膚清爽細滑、光潔美麗。

✔ 海帶的食用宜忌

- ✔ 一般人士皆可食用。
- ✔ 精力不足、氣血不足、肝硬化腹水和神經衰弱的患者特別適合食用。
- ✔ 高血壓、高脂血症、動脈硬化、癌症患者宜食海帶。

- ✘ 孕婦和哺乳期女性攝入量不要太多。
- ✘ 烹煮海帶前,應先用清水浸泡,避免水污染而引起中毒。
- ✘ 甲狀腺功能亢進患者不宜食用。
- ✘ 吃海帶後不宜馬上喝茶或吃酸味水果。

- **選購技巧**:選購海帶時,盡量選擇葉片厚實、完整的。有空洞、碎片的代表放置時間較長。

- **儲存竅門**:濕海帶不宜放置太久,容易變質,最好放在冰箱的冷藏室。乾海帶儲存時間比較長,但需要放置陰涼乾燥處,以免生蟲。

+ 海帶的搭配宜忌

= 祛脂降壓 ✓

海帶含有豐富的營養物質，有止咳平喘、祛脂降壓的作用；木耳含有豐富的營養。兩者搭配，有降血壓、降膽固醇的作用，很適合心血管疾病患者等食用。

= 減肥瘦身 ✓

海帶營養豐富，有利尿、潤腸、抗癌的食療作用；冬瓜跟海帶同屬夏季清熱解暑的食物，兩種食物搭配，能消暑及有助減肥瘦身。

= 促進鈣吸收 ✓

海帶含有豐富的碘，有利水消腫、促進新陳代謝的作用；豆腐含有豐富的鈣質。兩者搭配，可以維持碘的平衡，有利鈣質吸收。

= 消化不良 ✗

海帶含有豐富的鐵質和鈣質；柿子含有鞣酸。兩者搭配，易生成不溶性的結合物，影響營養成分的消化吸收。

海帶的營養吃法

涼拌海帶絲

材料：

海帶60g，葱白1條，紅椒1隻，芝麻、鹽、麻油、醋各適量。

做法：

葱白切絲；紅椒洗淨、切絲；海帶洗淨、切絲後，放入熱水灼熟，過涼水放涼後，和葱白、紅椒絲放於碟上，灑入芝麻、醋等調味料，拌勻即可。

功效：

清熱利水、祛脂降壓、美容養顏。

海帶的營養元素表(每100g)

★ 粗蛋白 8.2g
★ 鐵 0.15g
★ 維他命B₁ 0.69mg
★ 維他命B₂ 0.36mg

★ 維他命E 1.85mg
★ 鈣 46mg
★ 鉀 246mg

18 補血養顏

薏仁

祛濕消腫、抗衰老

■ 別稱
薏米、薏苡仁

■ 性味
性涼，味甘

■ 食用功效
美容養顏、
利水消腫、
健脾祛濕

✓ 適宜人士：一般人士、小便不利、脾虛泄瀉者
✗ 不適宜人士：懷孕早期的女性、出汗盜汗、便秘者

✦ 薏仁的補血養顏成分

1 蛋白質

薏仁含有大量的蛋白質，每100g薏仁含蛋白質12.8g，當中含有分解酵素，能夠軟化角質，保持皮膚水嫩富有彈性。愛美的女性，不妨多食薏仁來美容養顏。

2 維他命E

薏仁含有豐富的維他命E，每100g薏仁含維他命E約2.08mg。維他命E是抗氧化劑，能防止皮膚衰老，預防色斑沉澱，讓皮膚永保青春。

3 維他命B_1、維他命B_2

薏仁含有維他命B_1、維他命B_2，是一種美容食品，使皮膚保持光滑細膩，消除粉刺、色斑，改善膚色。

4 鉀

薏仁含有豐富的鉀，每100g薏仁含鉀238mg。鉀能加快人體的新陳代謝，將人體多餘的水分和毒素排出體外，有助美容養顏。

＋ 薏仁的搭配宜忌

＝ 行氣活血 ✓

薏仁含有豐富的蛋白質、維他命和微量元素，有美容養顏、利水消腫的作用；杏仁有活血養氣的功效。兩者搭配，有行氣活血、潤澤皮膚的作用。

＝ 腸胃不適 ✗

薏仁性涼，味甘，含有豐富的蛋白質、維他命和微量元素；燒酒是溫熱助火之物。兩者同食，容易引起腸胃不適。

薏仁的營養元素表(每100g)	
★ 蛋白質 12.8g	★ 鐵 3.7mg
★ 維他命E 2.08mg	★ 鈣 42mg
★ 鉀 238mg	★ 磷 217mg

19
補血養顏

黑芝麻

烏髮養顏、補腦益智

■ 別稱
胡麻、油麻

■ 性味
性平，味甘

■ 食用功效
養顏潤膚、烏髮美髮、健腦益智

✓ 適宜人士：肝腎不足、頭髮發白、咳嗽氣喘
✗ 不適宜人士：慢性腸炎、便溏腹瀉者

✦ 黑芝麻的補血養顏成分

1 維他命E

黑芝麻含有豐富的維他命E，每100g含維他命E 50.4mg，具有很好的抗氧化作用，經常食用能清除自由基，改善膚質，減緩皮膚老化的速度，達到潤膚養顏的效果。

2 不飽和脂肪酸

黑芝麻含有大量的不飽和脂肪酸，每100g含不飽和脂肪酸50g，當中的亞油酸是肌膚美容劑，能預防皮膚乾燥、粗糙，保持皮膚的滑膩水靈。

3 鐵

黑芝麻含有鐵質，每100g含鐵25mg，鐵是製造紅血球的

重要物質，經常食用能達到補血養顏的效果，讓皮膚紅潤有光澤。愛美的女士不妨多吃黑芝麻。

＋ 黑芝麻的搭配宜忌

 + = 補肝腎 ✓

黑芝麻含有豐富的維他命E、不飽和脂肪酸和微量元素，有健腦益智、補腎養顏的作用；核桃也含有豐富的鈣、鐵物質。兩者搭配能補肝腎，對繼發性腦萎縮有一定的食療作用。

 = 消化不良 ✗

黑芝麻含有豐富的鈣質；竹筍含有草酸。兩者搭配食用，使草酸和鈣質發生反應，生成沉澱物質，影響芝麻的鈣質吸收，造成營養流失，也易引起消化不良。

黑芝麻的營養元素表(每100g)

★ 鐵 25mg	★ 蛋白質 19.1g
★ 維他命E 50mg	★ 鉀 358mg
★ 脂肪酸 50g	★ 磷 516mg
★ 鈣 800mg	

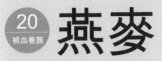

20
補血養顏

燕麥

排毒養顏、延緩衰老

■ 別稱
野麥、
玉麥

■ 性味
性溫,味甘

■ 食用功效
美容養顏、抗衰老、
預防心血管疾病

✓ 適宜人士:一般人士

✗ 不適宜人士:孕婦、產婦

✦ 燕麥的補血養顏成分

1 維他命E

燕麥含有維他命E,每100g含維他命E 15mg。維他命E可清除人體內有害的自由基,將人體的毒素排出體外,有利美容養顏。

2 燕麥 β-葡聚糖

燕麥含有 β-葡聚糖,每100g燕麥含 β-葡聚糖2.04g。β-葡聚糖能鎖住人體皮膚角質層的水分,有保濕美容的作用。

3 抗氧化物質

除了維他命E,燕麥含有大量硒元素,這是很強的抗氧化物質,能夠減少自由基對皮膚的傷害,減少皺紋,讓皮膚光滑有彈性。

4 膳食纖維

燕麥含有豐富的膳食纖維,每100g燕麥含膳食纖維約5.1g。膳食纖維能促進胃腸蠕動,促進人體的新陳代謝,達到排毒養顏的作用。

✚ 燕麥的搭配宜忌

= **抗氧化** ✓

燕麥含有豐富的蛋白質、維他命和微量元素;海帶含豐富的維他命B群。兩者搭配可促進消化吸收,有很好的抗氧化作用。

= **降低營養** ✗

燕麥含有豐富的鈣質和鐵質;蘋果含有大量的草酸。兩者一起食用,在人體內形成草酸鈣,影響人體對鈣的吸收,造成人體缺鈣。

燕麥的營養元素表(每100g)

★ 維他命E 15mg	★ 鈣 186mg
★ 膳食纖維 5.1g	★ 鎂 177mg
★ 燕麥 β-葡聚糖 2.04g	★ 鐵 7mg
★ 蛋白質 15.6g	

第三章
強身健體食物
TOP 20，養出好體格

俗語說：「藥補不如食補。」日常生活中，很多食物讓我們身體更加強壯、健康。只要選對食物，採用健康的食用方法，能讓我們更加強壯。到底哪些食物強身健體的功效最強呢？以下介紹強身健體功效前20名的食物。

以下精選了20種有助提高免疫力、強身健體的食物，從營養學角度，告訴讀者如何吃才能強身健體。

前 20名
強身健體食物排行榜

食物名稱	上榜原因	食用功效	主要營養成分
鴿子	■鴿肉易於消化，對病後體弱、血虛閉經、頭暈神疲、記憶力衰退有很好的補益治療作用。	滋補益氣、祛風解毒、補肝壯腎	蛋白質、維他命A、維他命E、膽固醇
驢肉	■驢肉含有豐富的蛋白質，滿足人體對蛋白質和氨基酸的需求，有利身體健康。	補益氣血、養心安神、強身健體	蛋白質、維他命A、維他命E、鉀、鐵、鈣
羊肉	■羊肉含有豐富的蛋白質，滿足身體的營養需要，對身體的強健有很好的滋補作用。	補腎壯陽、開胃健身、養膽明目	蛋白質、維他命A、鈣、鎂、鉀、鐵
鵪鶉蛋	■鵪鶉蛋營養豐富，比雞蛋更容易被吸收利用，提高人體的抗病能力。	補氣益血、強筋壯骨	蛋白質、維他命A、鈣、鉀、磷
蝦	■蝦的含鈣量居眾食品之首，蝦皮含鈣量很高，預防因缺鈣所致的骨質疏鬆症。	補腎壯陽、益氣止痛、通乳養血、化痰解毒	蛋白質、維他命E、鈣、鎂、鋅
泥鰍	■泥鰍黏液有殺菌、消毒的作用。	暖中益氣、益腎助陽、提高免疫力	維他命A、維他命E、鈣、鐵、鋅
鯽魚	■鯽魚含有豐富、易於消化吸收的優質蛋白，是病者調補身體的良好蛋白質來源。	健脾利濕、和中開胃、活血通絡、增強體質	蛋白質、維他命、鈣、鉀、磷
秀珍菇	■含側耳素和蘑菇核糖核酸，經藥理證明有抑制病毒複製和增殖的作用。	舒筋活絡、祛風散寒、強身健體、預防中老年疾病	蛋白質、脂肪、糖、膳食纖維、鈣、鐵、鋅
椰菜花	■含有類黃酮成分最多的食物之一，類黃酮除了防治感染，還減少患心臟病與中風的危險。	健脾胃、益筋骨、填腎精、解毒肝臟、防癌抗癌	蛋白質、胡蘿蔔素、維他命C

韭菜	■韭菜含硫化合物，有降血脂及擴張血管的作用，適用於治療心腦血管疾病和高血壓。	溫腎助陽、益脾健胃、行氣理血、潤腸通便、強身健體	維他命C、維他命B₃、鈣、磷、膳食纖維、胡蘿蔔素
洋蔥	■洋蔥的維他命B₃幫助免疫系統製造抗體，提高人體的免疫能力，有利身體健康。	增強食慾、潤腸利尿、提高免疫力	硫化合物、硒、煙酸、維他命C、鈣、胡蘿蔔素
白蘿蔔	■白蘿蔔富含維他命C，抑制黑色素合成，阻止脂肪氧化，防止脂肪沉澱。	促進消化、清熱解毒、生津止渴、美容減肥	蛋白質、膳食纖維、維他命C、鉀、鈣
葡萄	■葡萄含有大量酒石酸（Tartaric Acid），有幫助消化的作用，適當吃些葡萄對身體強健大有神益。	舒筋活血、開胃健脾、強身健體	維他命C、維他命E、維他命A、鈣、鐵、銅、錳
石榴	■石榴含有多種生物鹼，有對抗金黃色葡萄球菌、溶血性鏈球菌、痢疾桿菌等細菌的作用。	生津止渴、收斂固澀、提高免疫力	蛋白質、鈣、維他命C、鉀、維他命E、纖維素
芒果	■芒果含芒果酮酸等化合物，具有抗癌的藥理作用。	益胃止嘔、解渴利尿、強身健體	維他命C、蛋白質、糖、膳食纖維
木瓜	■木瓜獨有的番木瓜鹼具有抗腫瘤功效，對防癌治癌有很好的作用。	消暑解渴、潤肺止咳、提高免疫力	維他命C、類胡蘿蔔素、木瓜酵素、木瓜鹼
紫菜	■紫菜所含的多糖可增強細胞免疫和體液免疫功能，有助提高機體免疫力。	清熱利水、補腎養心、提高免疫力	蛋白質、維他命A、維他命C、鈣、鐵、硒
小米	■小米含有豐富的鐵、磷等元素，具有滋陰養血、健腦等功效。	滋養腎氣、和胃安眠、清虛熱	蛋白質、纖維素、維他命A、維他命E
大米	■大米含有豐富的蛋白質，是構成和修補細胞的主要物質，對於身體的生長發育、提高免疫功能有很好的作用。	補中益氣、健脾養胃、益精強志	蛋白質、鈣、鐵、鎂、鉀
小麥	■小麥富含蛋白質、鈣和鐵，對緩解精神壓力、緊張等有一定的功效。	養心益腎、和血健脾、除煩潤燥、強身健體	蛋白質、纖維素、維他命E、鈣、鐵

鴿肉

1 強身健體

強身健體、祛風解毒

■ 別稱
白風肉、
鵪鴿肉

■ 性味
性平,味甘、鹹

■ 食用功效
滋補益氣、
補肝壯腎

✓ 適宜人士:貧血、身體衰弱、未老先衰、頭髮早白者
✗ 不適宜人士:孕婦

✦ 鴿肉的強身健體成分

1 氨基酸和精氨酸

中醫認為,鴿肉易於消化,對病後體弱、血虛閉經、頭暈神疲、記憶力衰退有很好的補益治療作用。乳鴿含有較多的支鏈氨基酸和精氨酸,促進體內蛋白質合成,加快創傷癒合。另外,鴿血富含血紅蛋白,促使術後傷口癒合。

2 維他命B₅

鴿肉含有豐富的維他命B_5,對脫髮、白髮和未老先衰等有很好的療效。對提高人體的性慾也有很重要的作用,一般將鴿子作為扶助陽氣的強身妙品,認為具有補益腎氣、增強性機能的作用。

3 軟骨素

鴿子的骨頭含有豐富的軟骨素,經常食用能提高人體皮膚的活力,強健骨骼,改善血液循環,讓人變得更年輕有活力。

4 維他命A

鴿肉含有豐富的維他命A,每100g含維他命A 53μg。維他命A有利保護視力,預防夜盲症,維護皮膚健康,避免皮膚粗糙乾裂。

✚ 鴿肉的搭配宜忌

+ = **益氣養血** ✓

鴿肉含有豐富的優質蛋白,和紅棗一起食用,有益氣養血、滋潤皮膚的作用,很適合愛美的女士食用。

+ = **滯氣** ✗

鴿肉雖然富含營養物質,但和豬肉一起食用,容易使人滯氣,應盡量避免兩者搭配食用。如出現滯氣的狀況,可喝些荷葉茶來清腸胃。

鴿肉的營養元素表(每100g)

★ 蛋白質 16.5g	★ 鉀 334mg
★ 維他命A 53μg	★ 維他命E 0.99mg
★ 膽固醇 99mg	★ 鐵 3.8mg
★ 鈣 30mg	

驢肉

2
強身健體

補血安神、增強抵抗力

■ 別稱
毛驢肉、
漠驪肉

■ 性味
性涼，味甘、
酸

■ 食用功效
補益氣血、養心
安神、強身健體

✓ **適宜人士**：一般人士均可
✗ **不適宜人士**：孕婦、脾胃虛寒、腹瀉者

◆ 驢肉的強身健體成分

1 阿膠

驢皮是熬製驢皮膠的原料，成品稱為阿膠。中醫認為，阿膠是血肉有情之物，是滋陰補血的名貴藥材。體質虛弱、畏寒、易感冒的人，服阿膠可改善體質，增強自身抵抗力。

2 鈣、磷、鉀

驢肉富含鈣、磷、鉀，還含有動物膠、骨膠原、硫等成分，為體弱者及病後調養人士提供良好的營養補充，對身體健康有很好的作用。

3 鐵

驢肉含有豐富的鐵質，性味甘涼，有補氣養血、利肺的功效，對體弱勞損、氣血不足和心煩者有較好的療效。藥典認為驢肉補氣養血，可用於氣血不足者的補益；還可以養心安神，用於心虛所致心神不寧的調養。

4 蛋白質

驢肉含有豐富的蛋白質，每100g驢肉含有蛋白質約21.5g。豐富的蛋白質能滿足身體對蛋白質和氨基酸的需求，有利身體健康。

＋ 驢肉的搭配宜忌

= **益氣養血** ✓

驢肉含有豐富的鐵質，有補益氣血、養心安神、強身健體的作用；紅棗有補血養顏的功效。兩者合用，對氣血不足、食少乏力、消瘦等有幫助。

= **腹瀉** ✗

驢肉性味甘涼；豬肉肥膩，若共食有礙消化吸收，易致腹瀉，影響身體健康。因此，盡量避免驢肉和豬肉搭配食用。

驢肉的營養元素表(每100g)	
★ 蛋白質 21.5g	★ 鐵 4.3mg
★ 維他命A 72μg	★ 鈣 2mg
★ 維他命E 2.76mg	★ 磷 178mg
★ 鉀 325mg	

羊肉

3 強身健體

補腎壯陽、強健身體

■ 別稱
羖肉、羶肉

■ 性味
性溫，味甘

■ 食用功效
開胃健身、養膽明目

✓ 適宜人士：一般人士，尤其脾胃虛寒者
✗ 不適宜人士：肝火旺盛、發熱患者

✦ 羊肉的強身健體成分

① 蛋白質

羊肉含有豐富的蛋白質，每100g羊肉含有蛋白質19g。羊肉的優質蛋白質能滿足身體的營養需要，對身體強健有很好的作用。

② 鈣、磷、鐵

羊肉含有豐富的鈣、磷、鐵，既能強健骨骼，又能促進人體熱量代謝、維持細胞活動，是強身健體的良好食品，也是體虛者的天然補品。

③ 磷酸鈣、碳酸鈣

羊肉和羊骨含有磷酸鈣、碳酸鈣、骨膠原等成分，用於治療再生不良性貧血、筋骨疼痛等症。羊腎具補腎助陽、生精益腦的作用。

④ 維他命B群

羊肉含有豐富的維他命B群，有助蛋白質和脂肪的消化吸收，對於減輕肌肉痠痛、緩解疲勞、恢復人體活力有很好的作用。

⑤ 熱量

羊肉是一種高熱量的食物，有助避寒暖胃、壯陽，是冬天取暖、強健身體的高營養食物。但需要注意的是，易上火者食用羊肉時要適量。

✓ 羊肉的食用宜忌

✓ 體虛胃寒者宜食。
✓ 腎虛者，尤其男性宜多食。
✓ 身體瘦弱者、脾胃虛寒者宜食。

✗ 肝火旺盛者忌食。
✗ 腸炎、痢疾者及高血壓患者忌食。
✗ 大便乾結、急性腸炎者忌食。

選購技巧：選購羊肉時，應選擇顏色鮮紅的羊肉，比較新鮮。

儲存竅門：將羊肉切塊，用保鮮袋包裹放在冰箱冷凍室，可放置約1~2個月，需要食用時拿出來解凍即可。

羊肉的搭配宜忌

 + = **補腎壯陽** ✓

　　羊肉含有豐富的營養物質，有補腎壯陽、開胃健身、養膽明目的作用。配搭海參燉湯食用，對治療虛勞羸瘦、陽痿等症有很好的療效。

 + = **消化不良** ✗

　　南瓜性溫，味甘，具有補中益氣之功效；羊肉為大熱之品。同時進食可導致消化不良，腹脹肚痛。因此，應盡量避免羊肉和南瓜一起食用。

 + 　 = **補腎利尿** ✓

　　羊肉含有豐富的營養物質，有壯陽益腎、開胃健身、養肝明目的作用；冬瓜有清熱利尿的功能。兩者合用，有助補腎利尿。

　 + = **消化不良** ✗

　　梨和羊肉同時食用，易造成消化不良、腹脹肚痛等，不應將羊肉和梨一起食用。

羊肉的營養吃法

芫茜炒羊肉

材料：

羊肉500g，紅椒、芫茜30g，花生油、醬油、鹽、五香粉、孜然粉各適量。

做法：

芫茜洗淨、切段；鍋內放入油，待油熱後，放入紅椒爆香，下羊肉翻炒，待羊肉快熟時，放入調味料炒2分鐘，關火；最後放入芫茜炒一會即可食用。

功效：

補腎壯陽、補中益氣。

羊肉的營養元素表(每100g)	
★ 蛋白質 19g	★ 鉀 232mg
★ 維他命A 22μg	★ 鐵 2.3mg
★ 鈣 6mg	★ 磷 146mg
★ 鎂 20mg	

第三章 ---- 強身健體食物 Top 20，養出好體格

4 強身健體

鵪鶉蛋

補脾益氣、強健骨骼

✓ 適宜人士：一般人士可食用
✗ 不適宜人士：腦血管疾病患者

■ 別稱
鶉鳥蛋

■ 食用功效
補氣益血、
強筋壯骨

■ 性味
性平，味甘

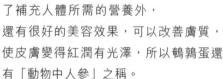

✦ 鵪鶉蛋的強身健體成分

▯ 小分子營養成分

由於鵪鶉蛋的營養分子較小，比雞蛋更容易被吸收利用，能充分地補充人體的營養，提高人體機能及抗病能力。

▮ 蛋白質、維他命

鵪鶉蛋的營養價值可與雞蛋媲美，含有大量的蛋白質、維他命等對人體有益的營養成分。除了補充人體所需的營養外，還有很好的美容效果，可以改善膚質，使皮膚變得紅潤有光澤，所以鵪鶉蛋還有「動物中人參」之稱。

▯ 鈣、磷

鵪鶉蛋含有豐富的鈣、磷等礦物質，每100g鵪鶉蛋含鈣高達47mg，含磷高達180mg。這些礦物質能促進人體骨骼強健、維持心跳和肌肉收縮，對保持神經活動正常起着很重要的作用。

+ 鵪鶉蛋的營養搭配

 + = **健腦益智** ✓

鵪鶉蛋含有豐富的蛋白質和微量元素，有補氣益血、強筋壯骨的作用。和牛奶同食，有補脾益胃，健腦益智的作用。適合智力、記憶力減退者及認知障礙症患者食用。

 + = **潤肺滋陰** ✓

鵪鶉蛋富含蛋白質、維他命等營養，和銀耳搭配，有很好的潤肺滋陰、補益脾胃的作用。很適合胃虛、咳嗽哮喘者食用。

鵪鶉蛋的營養元素表(每100g)

★ 蛋白質 12.8g	★ 鉀 138mg
★ 維他命A 337μg	★ 磷 180mg
★ 鈣 47mg	

5
強身健體

蝦

益氣壯陽、清熱解毒

■ **別稱**
長鬚公、
虎頭公、
海米

■ **性味**
性溫，味甘

■ **食用功效**
補腎壯陽、
益氣止痛

✓ **適宜人士**：一般人士均可食用，尤其中老年人
✗ **不適宜人士**：陰火旺盛、有宿疾者、支氣管炎、哮喘病患者

◆ 蝦的強身健體成分

1 鎂

蝦含有豐富的鎂，每100g蝦含鎂32mg，經常食用可補充鎂的不足。鎂對心臟活動具有重要的調節作用，很好地保護心血管系統，降低血液的膽固醇含量，防治動脈硬化，擴張冠狀動脈，有利於預防高血壓及心肌梗塞。

2 鈣

蝦的含鈣量居眾食品之首，每100g蝦含鈣約22mg。蝦皮含鈣量很高，孕婦常吃蝦皮，可預防缺鈣抽搐及胎兒缺鈣症；老人常食蝦皮，可預防因缺鈣所致的骨質疏鬆症。

3 蛋白質和氨基酸

蝦含有豐富的蛋白質和氨基酸，對身體有補益功能，久病體虛、氣短乏力、不思飲食者，可將其作為滋補食品。蝦的肉質和魚一樣鬆軟，易消化，不失為老年人食用的營養佳品，對身體虛弱及病後需要調養的人士，是極好的食物。

4 磷、鐵、鋅

蝦含有豐富的磷、鐵等，是人體骨骼、肌肉必需的營養元素，對於孕婦和幼兒還有很好的補益作用。另外，蝦含有豐富的鋅，有助幼兒發育成長。

✓ 蝦的食用宜忌

✓ 中老年人宜食。
✓ 缺鈣者宜食。
✓ 心血管疾病患者宜食。

✗ 有宿疾者或陰虛火旺者忌食。
✗ 腐敗變質的蝦仁忌食。
✗ 蝦背的蝦腸忌食。

• **選購技巧**：挑選蝦時，盡量選擇新鮮的蝦，鮮蝦體形完整，甲殼透明發亮，鬚足無損。

• **儲存竅門**：鮮蝦儲存前，先用開水燙一下，涼後放入冰箱儲存，這樣的蝦可以存放長一點時間，並且不改變蝦原有的色味。

 ＝ 壯陽補腎 ✓

　　蝦含有豐富的維他命和蛋白質，有補腎壯陽、益氣止痛、通乳養血、化痰解毒的功效。和韭菜搭配食用，有壯陽補腎的作用，很適合腎虛、陽痿症患者食用。

 ＝ 補虛益腎 ✓

　　蝦含有豐富的維他命和蛋白質，有補腎壯陽、益氣止痛、通乳養血、化痰解毒的功效。和大葱搭配，能去掉蝦的腥味，也令蝦更美味，補虛益腎、強健骨骼。

 ＝ 陰虛火旺 ✗

　　蝦性溫，有溫腎壯陽的功能；豬肉有助濕熱動火的作用。兩者同食，容易陰虛火旺，影響身體健康。因此，應盡量避免蝦和豬肉搭配食用。

  ＝ 影響消化 ✗

　　蝦含有豐富的鈣；檸檬含有大量果酸。兩者搭配食用，會生成不易消化的物質，降低食物的營養，還影響人體消化，應盡量避免一起食用。

蝦的營養吃法

烤龍蝦

材料：

龍蝦6隻，生菜葉兩片，醬油、蠔油、鹽、五香粉、辣椒粉、糖、芝麻、孜然粉各適量。

做法：

龍蝦去除內臟、抽去蝦腸，洗淨，塗上醬油、蠔油，均勻地灑上鹽、五香粉、辣椒粉、糖、芝麻醃製。用籤子串起龍蝦，撒上孜然粉，放入微波爐以中高火加熱10分鐘。生菜葉鋪在碟上，放上龍蝦即可。

功效：補腎壯陽、益氣止痛

蝦的營養元素表(每100g)

★ 蛋白質 11.6g	★ 鎂 32mg
★ 維他命E 3.18mg	★ 鋅 1.75mg
★ 鈣 22mg	

泥鰍

6
強身健體

暖中益氣、強健骨骼

■ 別稱
沙鰍、真鰍、黃鰍

■ 性味
性平，味甘

■ 食用功效
益腎助陽、提高免疫力

✓ **適宜人士**：一般人士均可，尤其身體虛弱者
✗ **不適宜人士**：陰虛火盛者

✦ 泥鰍的強身健體成分

① 鈣、鐵、鋅

泥鰍含有豐富的鈣、鐵、鋅等元素，具強健骨骼、預防癌症的作用，故常將泥鰍歸於強身健體、營養防癌的水產珍品。

② 不飽和脂肪酸

泥鰍含有豐富的不飽和脂肪酸，其中類似EPA的不飽和脂肪酸，達到強健身體、預防衰老的作用，對血管有很好的保護作用，是一種珍貴的滋補佳品，很適合老年人食用。

③ 泥鰍黏液

泥鰍黏液有殺菌、消毒的作用，可治小便不通、熱淋便血、癰腫、中耳炎等疾病。

④ 維他命

泥鰍含有豐富的維他命，每100g泥鰍含維他命A約14μg；維他命E約0.79mg。維他命A有清肝明目的作用；維他命E是很好的抗氧化劑，有提高人體免疫力的作用。

＋ 泥鰍的搭配宜忌

＋ ＝ **補中益氣** ✓

泥鰍有暖中益氣的作用；豆腐營養豐富，有益氣養血、補虛益臟之功，兩者搭配食用，能補益身體，更有開胃、清熱之效。

泥鰍的營養元素表(每100g)	
★ 維他命A 14μg	★ 鐵 2.9mg
★ 維他命E 0.79mg	★ 鋅 2.76mg
★ 鈣 229mg	

7
強身健體

鯽魚

健脾開胃、清血養心

■ **別稱**
鯽魚、
鯽瓜子

■ **性味**
性平，味甘

■ **食用功效**
健脾利濕、和中
開胃、活血通絡

✓ **適宜人士**：一般人士，尤其中老年人、小孩、脾胃虛弱者
✗ **不適宜人士**：感冒發熱者

◆ 鯽魚的強身健體成分

① 蛋白質

鯽魚含有豐富的優質蛋白，易於為人體消化和吸收，是病人調補身體的良好蛋白質來源。常食可增強抗病能力，較適用於肝腎疾病、心腦血管疾病患者食用。

② 鈣、磷、鉀

鯽魚含有豐富的鈣、磷、鉀，營養豐富，最適合做湯，對脾胃虛弱、水腫、潰瘍、氣管炎、哮喘、糖尿病的治療大有益處，較適合中老年人和產婦食用。

③ 維他命A、鎂及鋅

鯽魚含有豐富的維他命A、鎂及鋅，有利增強心血管功能，降低血液黏度，促進血液循環。鯽魚的鋅含量很高，缺鋅會導致食慾減退、性功能障礙等，由於鋅的重要作用，有人把鋅譽為「生命的火花」。

＋ 鯽魚的營養搭配

+ = **潤肺健脾** ✓

鯽魚含有豐富的蛋白質、維他命以及微量元素，有健脾補虛的作用；木瓜有潤肺健胃的作用。兩者合用，有潤肺、健脾、養胃的作用。

+ = **通乳** ✓

鯽魚具有很好的催乳作用；豆腐富有營養，蛋白質較高，兩者搭配食用，對於產後康復及乳汁分泌有很好的促進作用。

鯽魚的營養元素表(每100g)

★ 碳水化合物 3.8g	★ 鈣 79mg
★ 蛋白質 17.1g	★ 鉀 290mg
★ 脂肪 2.7g	★ 鎂 41mg
★ 維他命A 17μg	

秀珍菇

8 強身健體

舒筋活絡、散寒強身

■ 別稱 ──
平菇、側耳

■ 性味
性溫，
味甘

食用功效
祛風散寒、
強身健體

✓ 適宜人士：一般人士均可，尤其更年期女性、肝炎、心血管疾病患者
✗ 不適宜人士：無

秀珍菇的強身健體成分

1 多醣體

秀珍菇含有抗腫瘤細胞的多糖體，對腫瘤細胞有很強的抑制作用，且具有免疫特性。秀珍菇祛風散寒、舒筋活絡，可治腰腿疼痛、手足麻木等症。

2 鈣、鐵

秀珍菇含有豐富的鈣、鐵等微量元素。鈣能促進人體骨骼強健，是強身健體的重要物質；鐵能促進人體補血，有助增強機體活力，秀珍菇是強身健體的上佳蔬菜。

3 菌糖和甘露醇糖

秀珍菇含有多種養分及菌糖、甘露醇糖，可改善人體新陳代謝，有增強體質、調節植物神經功能等作用，可作為體弱者的營養品。秀珍菇對肝炎、慢性胃炎、胃和十二指腸潰瘍、軟骨病等都有好處，對降低血膽固醇和防治尿道結石有一定效果，並對女性更年期綜合症起着調理作用。

秀珍菇的搭配宜忌

 + = 補脾益氣 ✓

秀珍菇含有豐富維他命和礦物質等營養，有強身健體、舒筋活絡的作用；豬肉有補脾養氣的功能。兩者同食，有補脾益氣、滋補的作用。

 = 不利吸收 ✗

秀珍菇含有草酸，牛奶含有豐富的鈣質。兩者搭配，令草酸和鈣質發生反應，生成沉澱物，不利營養吸收。

秀珍菇的營養元素表(每100g)

★ 蛋白質 25.3g	★ 鈣 5mg
★ 脂肪 4g	★ 鐵 1mg
★ 糖類 30.7g	★ 鋅 0.16mg
★ 膳食纖維 30.7g	

椰菜花

9 強身健體

補腎益精、強健筋骨

■ 別稱
花菜、
菜花、
花椰菜

■ 性味
性平，味甘

■ 食用功效
健脾胃、益筋
骨、填腎精

✓ **適宜人士**：一般人士，尤其中老年人、小孩、脾胃虛弱者
✗ **不適宜人士**：尿結石患者

✦ 椰菜花的強身健體成分

① 維他命C

椰菜花的維他命C含量很高，能增強人體免疫功能，促進肝臟解毒，增強人體抗病能力。長期食用可防治感染，也能降低血中膽固醇。

② 維他命K

椰菜花含有大量維他命K。有些人的皮膚一旦受到小小碰撞和傷害，會變得青一塊紫一塊，是因為體內缺少維他命K，多吃椰菜花是補充維他命K的最佳途徑。椰菜花的維他命C含量非常高，可以說是所有十字花科蔬菜的冠軍。

③ 類黃酮

椰菜花是含有類黃酮成分最多的食物之一。類黃酮除了可以防治感染，還是最好的血管清理劑，能阻止膽固醇氧化，防止血小板凝結成塊，因而能減少患心臟病與中風的危險。

➕ 椰菜花的營養搭配

椰菜花 ＋ 🍄 ＝ **益氣健胃** ✓

椰菜花有補腎益精、強健筋骨的作用，和營養豐富的香菇搭配，有益氣健胃、補虛強身之功效。適用於食慾不振、吐瀉乏力等症，也可防治佝僂病。

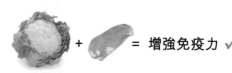

椰菜花 ＋ ＝ **增強免疫力** ✓

椰菜花是蔬菜中的上品，有增加免疫力的功能；豬肝含有豐富的鐵、鋅和維他命A。兩者搭配，營養豐富，很適合兒童和老人食用。

椰菜花的營養元素表(每100g)

★ 蛋白質 2.1g	★ 鐵 1.1mg
★ 胡蘿蔔素 30μg	★ 鋅 0.38mg
★ 維他命C 61mg	★ 鉀 200mg
★ 鈣 23mg	

10 強身健體 韭菜

補腎壯陽、益脾健胃

■ 別稱
長生韭、起陽韭

■ 性味
性溫，味甘

■ 食用功效
溫腎助陽、行氣
理血、強身健體

✓ **適宜人士**：一般人士均能食用
✗ **不適宜人士**：陰虛火旺、胃腸虛弱者

韭菜的強身健體成分

1 維他命C

韭菜含有豐富的維他命C，每100g韭菜含維他命C 39mg。維他命C可促進膠原蛋白合成，加速傷口癒合，提高身體抵抗力，有很好的強身健體作用，對於癌症等疾病有很好的抵抗能力。

2 硫化合物

韭菜含硫化合物，有降血脂及擴張血管的作用，適用於治療心腦血管疾病和高血壓。此外，硫化合物能使黑色素細胞內酪氨酸系統功能增強，從而調節皮膚毛囊的黑色素功能，消除皮膚白斑，並使頭髮烏黑發亮。

3 膳食纖維

韭菜含有較多的膳食纖維，促進胃腸蠕動，有效預防習慣性便秘和腸癌。膳食纖維更可將消化道的頭髮、沙礫，甚至金屬包裹起來，隨大便排出體外，故有「洗腸草」之稱。

4 維他命A和鈣

韭菜富含維他命A和鈣，多吃不僅能美容護膚、明目和潤肺，還能強健骨骼，降低患傷風感冒、寒喘等疾病的概率。

韭菜的搭配宜忌

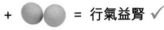

+ ⬤⬤ = **行氣益腎** ✓

韭菜和雞蛋搭配食用，有利於維他命和鈣質的補充，既美味營養，又強健身體，還有補腎、行氣、益腎的作用，很適合腎虛、尿頻患者食用。

+ = **口腔腫痛** ✗

韭菜性溫，是易上火的食物。牛肉和韭菜搭配食用，容易助熱生火，引發口腔炎症、腫痛、口瘡等症狀。

韭菜的營養元素表(每100g)	
★ 硫化合物 85mg	★ 維他命C 39mg
★ 硒 4.4μg	★ 鈣 24mg
★ 維他命B₃ 0.3mg	★ 胡蘿蔔素 20μg

11 強身健體

洋葱

增強食慾、益脾健胃

■ 別稱
白洋葱、
黃洋葱

■ 性味
性溫，味辛

■ 食用功效
潤腸利尿、
提高免疫力

✓ 適宜人士：一般人士
✗ 不適宜人士：肝火旺盛、眼疾患者

✦ 洋葱的強身健體成分

1 維他命

洋葱的B族維他命含量較高，能促進人體消化吸收和新陳代謝。

2 硒和前列腺素

洋葱含有豐富的硒，對於預防和抑制癌症有很好的作用。洋葱是蔬菜中唯一含前列腺素A。

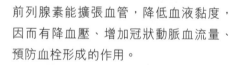

前列腺素能擴張血管，降低血液黏度，因而有降血壓、增加冠狀動脈血流量、預防血栓形成的作用。

3 維他命C和β-胡蘿蔔素

由於維他命C是抗氧化劑，有降低血清膽固醇、抗過敏的功效。β-胡蘿蔔素可在人體轉化成維他命A，幫助骨骼健康，促進生長發育。流行病學專家觀察到，經常吃洋葱的人，雖有脂多體胖者，但膽固醇並無過高表現。

4 鈣

洋葱含有豐富的鈣質，能夠補充人體所需要的鈣質，對於強健骨骼、預防骨質疏鬆等症有很好的作用。

＋ 洋葱的營養搭配

= 溫中健體 ✓

洋葱含有豐富的維他命和礦物質，有增強食慾、潤腸利尿、提高免疫力的作用。洋葱和豬肉搭配食用，有溫中健體、辛香開胃的功效，很適合胃陽不足、體虛者食用。

洋葱的營養元素表(每100g)

★ 碳水化合物 9g ★ 維他命E 0.14mg
★ 蛋白質 1.1g ★ 鈣 24mg
★ 脂肪 1.85g ★ 胡蘿蔔素 20μg

12 強身健體 白蘿蔔

消食行滯、降氣祛痰

- 別稱
  蘿蔔
- 性味
  性涼，味甘
- 食用功效
  促進消化、生津止渴

✓ 適宜人士：一般人士均可
✗ 不適宜人士：脾胃虛寒、慢性胃炎、腸潰瘍患者

✦ 白蘿蔔的強身健體成分

1 維他命C

白蘿蔔富含維他命C，而維他命C為抗氧化劑，能抑制黑色素合成，阻止脂肪氧化，防止脂肪沉澱。白蘿蔔含有大量的植物蛋白、維他命C和葉酸，進入人體後可潔淨血液和皮膚。

2 碳水化合物和維他命

白蘿蔔含有大量的碳水化合物和維他命，可促進人體對鈣質的吸收，增強肌體免疫力，所以白蘿蔔對預防感冒有一定作用。

3 B族維他命和礦物質

白蘿蔔含有豐富的B族維他命、鉀及鎂等礦物質，促進胃腸蠕動，有效地清理胃部和腸道的垃圾，有助排出體內廢物，利於清除宿便。

4 膳食纖維

白蘿蔔含有豐富的膳食纖維，每100g白蘿蔔含膳食纖維約1g。膳食纖維能夠促進胃腸蠕動，加速人體的新陳代謝，讓體內的雜質和有害物質儘快地排出體外。減少毒素在人體存留的時間，對於預防腸癌有很好的作用。

➕ 白蘿蔔的營養搭配

＋ = 促進消化 ✓

白蘿蔔含有豐富的蛋白質、維他命C和膳食纖維，有促進消化、清熱解毒的作用。白蘿蔔和雞肉搭配食用，美味不油膩，而且有利於營養元素的吸收。

＋ = 止咳化痰 ✓

白蘿蔔具有清熱生津、涼血止血、順氣化痰的功效；雪梨有清熱、化痰止咳的作用。兩者搭配，止咳化痰功效更佳。

白蘿蔔的營養元素表(每100g)

★ 蛋白質 0.9g	★ 鉀 173mg
★ 膳食纖維 1g	★ 鈣 36mg
★ 維他命C 21mg	★ 鐵 0.5mg

13
強身健體

葡萄

舒筋活血、清熱利水

- **別稱**
  山葫蘆、
  草龍珠

- **性味**
  性平,味甘

- **食用功效**
  開胃健脾、
  強身健體

✓ **適宜人士**:貧血、高血壓患者、兒童和孕婦
✗ **不適宜人士**:脾胃虛弱、便秘者

◆ 葡萄的強身健體成分

1 鐵和鈣

葡萄乾的鐵和鈣含量十分豐富,是兒童、婦女及體弱貧血者的滋補佳品,可補血氣,治療貧血、血小板減少。常食對神經衰弱和過度疲勞有較好的補益作用,也是一些婦科疾病的食療佳品。

2 維他命

葡萄含有豐富的B族維他命、維他命A、維他命C及維他命E,對於人體的新陳代謝和能量平衡起着很重要的作用,能預防很多疾病,有助人體的強健。

3 聚合苯酚

葡萄含天然聚合苯酚,能與細菌及病毒的蛋白質化合,使之失去傳染疾病能力,對於脊髓灰質炎病毒及其他病毒有良好殺滅作用,使人體產生抗體,有利於身體康健。

＋ 葡萄的搭配宜忌

美容養顏 ✓

葡萄含有豐富的維他命C;奇異果含有豐富的維他命C和B族維他命。兩者搭配食用,可促進人體吸收,有助美容養顏。

不易消化 ✗

葡萄含有豐富的鞣酸;牛奶含有豐富的鈣質。兩者搭配食用,容易形成不易消化的物質,造成人體胃腸不適。因此,應避免葡萄和牛奶一起食用。

葡萄的營養元素表(每100g)

★ 鈣 0.04g	★ 維他命C 25mg
★ 鐵 16.4g	★ 維他命E 0.7mg
★ 銅 2.7g	★ 維他命A 8μg
★ 錳 16.6g	

14
強身健體

石榴
清血養心、殺菌防癌

■ 別稱
安石榴、
海石榴

■ 性味
性溫，味甘

■ 食用功效
收斂固澀、提高免疫力

✓ 適宜人士：口腔炎、腹瀉、扁桃腺發炎者
✗ 不適宜人士：便秘者、尿道炎和糖尿病患者

✦ 石榴的強身健體成分

1 生物鹼

石榴含有多種生物鹼，有助對抗金黃色葡萄球菌、溶血性鏈球菌、痢疾桿菌等細菌的作用，對人體健康達到很好的作用。

2 多酚

石榴汁的多酚含量比綠茶高得多，是抗衰老和防治癌瘤的超級明星。對預防動脈硬化和心臟病也有明顯作用。

3 維他命C

石榴含有豐富的維他命C，能促進膠原蛋白生成，有阻止癌細胞合成的重要作用，預防癌症的功效，從而有利於人體的健康。

4 維他命E

石榴汁是一種抗氧化果汁，其效果比紅酒、番茄汁、維他命E等更好，對抵抗心血管疾病有一定作用。

+ 石榴的搭配宜忌

 + = **溫中健體** ✓

石榴含有豐富的維他命和礦物質，有生津止渴、收斂固澀、提高免疫力的作用。和生薑搭配，熬製成石榴生薑汁，對於由虛寒引起的痢疾有很好的療效。

 = **影響消化** ✗

石榴和螃蟹搭配食用，螃蟹的蛋白質與石榴的鞣酸結合，會降低螃蟹蛋白質原有的營養，生成的不易消化物質對人體腸胃還有刺激作用，影響人體的消化吸收能力。

石榴的營養元素表(每100g)	
★ 蛋白質 1.4g	★ 鉀 231mg
★ 鈣 9mg	★ 維他命E 4.91g
★ 維他命C 9mg	★ 纖維素 4.8g

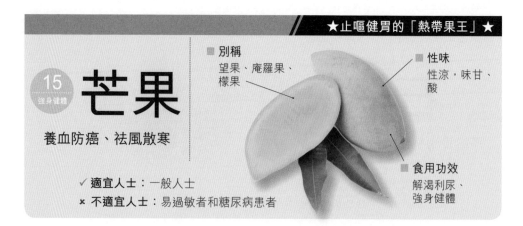

15
強身健體

芒果

養血防癌、祛風散寒

- 別稱
  望果、庵羅果、
  檬果

- 性味
  性涼，味甘、
  酸

- 食用功效
  解渴利尿、
  強身健體

✓ **適宜人士**：一般人士

✗ **不適宜人士**：易過敏者和糖尿病患者

✦ 芒果的強身健體成分

1 酮酸

芒果含芒果酮酸等化合物，具有抗癌的藥理作用。芒果汁能增加胃腸蠕動，使糞便在結腸內停留時間縮短，對防治結腸癌很有裨益。

2 多酚和其他營養素

芒果含有大量的多酚物質，女性多食芒果，有預防乳腺癌的作用。特別是其中的生物活性成分丹寧，專防治高血壓、動脈硬化。芒果含有的營養素及礦物質等，除了具有防癌的功效外，還有防治動脈硬化及高血壓的食療作用。

3 蛋白質

芒果含有豐富的蛋白質。每100g芒果含蛋白質56g。蛋白質是人體的重要營養物質，幫助提高人體免疫力，保持身體強健。

➕ 芒果的搭配宜忌

+ = **強身健體** ✓

芒果有養血防癌、祛風散寒的作用；雞肉是滋補身體的佳品，兩者搭配食用，有很好的強身健體作用。

+ = **不易消化** ✗

芒果性寒，味甘酸，是寒利食物；大蒜是辛辣之物，和芒果搭配食用，易引起燒心、消化不良。因此，應盡量避免兩者一起食用。

芒果的營養元素表(每100g)

- ★ 維生素C 約156g
- ★ 蛋白質 56g
- ★ 糖 約15g
- ★ 膳食纖維 1.3g
- ★ 視黃醇 96μg
- ★ 纖維素 1.3g

16 強身健體

木瓜

強體防癌、舒筋通絡

- **別稱**
  乳瓜、番瓜、文冠果

- **性味**
  性溫，味甘

- **食用功效**
  潤肺止咳、提高免疫力

✓ **適宜人士**：一般人士，消化不良、胃部不適者

✗ **不適宜人士**：易過敏者、孕婦、尿道炎患者

✦ 木瓜的強身健體成分

1 番木瓜鹼

木瓜獨有的番木瓜鹼具有抗腫瘤功效，並能阻止人體致癌物質亞硝胺的合成，對淋巴性白血病細胞具有強烈抗癌活性，對於防癌治癌有很好的作用。

2 維他命C

木瓜含有豐富的維他命C，促進抗體的形成，增加人體抵抗力，對於預防類風濕病及其他疾病有很好的作用，無形中提高了人體的免疫力。

3 木瓜酵素

木瓜獨有的木瓜酵素，能分解食物中的蛋白質，提高人體免疫細胞的養分，調節免疫系統，有助預防很多疾病。

4 類胡蘿蔔素

木瓜含有豐富的類胡蘿蔔素，能在體內與維他命A維護上皮和黏膜的健康，阻止病原體入侵，有利維護身體健康。

✓ 木瓜的食用宜忌

✓ 營養缺乏、消化不良、肥胖者宜食。

✓ 產後缺乳者宜食。

✓ 慢性胃炎患者宜食。

✓ 南方的番木瓜可生吃，也可燉煮。

✗ 宣木瓜多用來治病，不宜鮮食。

✗ 每次食用不宜過多，多吃會損筋骨、損腰部和膝蓋。

✗ 過敏體質者及孕婦忌食。

✗ 體質虛弱及脾胃虛寒者少食。

選購技巧：選購木瓜時，最好選擇瓜身圓圓、瓜肉薄、瓜籽多、瓜汁稍少的。

儲存竅門：如想保存切開的木瓜，必需用保鮮紙包裹，放入冰箱的冷藏室，約可放置2~3天，最好是現吃現買。

 +  = 消除疲勞 ✓

木瓜富含B族維他命，有消暑解渴、潤肺止咳、提高免疫力的作用。與富含維他命E的薏仁搭配食用，具有強身健體、消除疲勞的作用。

  = 美容養顏 ✓

木瓜和牛奶搭配食用，具有抗衰美容、美胸養顏、平肝和胃、舒筋活絡的功效。常吃木瓜牛奶，皮膚會變得更加光滑細膩。

+ = 增加營養 ✓

木瓜含有豐富的B族維他命，有消暑解渴、潤肺止咳、提高免疫力的作用。和雞肉搭配，有利於雞肉蛋白質的吸收，而且可促使雞肉不油膩、口感更佳。一般常將木瓜和雞燉製食用，口味清新，並且不油膩。

 + = 降低營養 ✗

木瓜含有豐富的類胡蘿蔔素；醋含有大量的酸性物質。如兩者配合，會降低木瓜的營養，造成營養流失。

木瓜的營養吃法

黃豆木瓜蜜

材料：

木瓜1個，黃豆50g，蜂蜜1大匙。

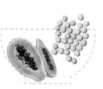

做法：

木瓜洗淨，去皮、切塊。鍋內燒熱水，放入木瓜灼熟；黃豆提前1小時泡發，放鍋內煮熟，用冷水過濾；將黃豆和木瓜盛於碟上，淋上蜂蜜即可。

功效：

潤肺止咳、提高免疫力。

木瓜的營養元素表(每100g)

★ 維他命C 約75mg	★ 鈣 17mg
★ 類胡蘿蔔素 3800μg	
★ 木瓜酵素 約6mg	
★ 木瓜鹼 約110mg	
★ 維他命A 145μg	
★ 維他命E 0.3mg	

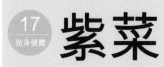

17
強身健體

紫菜

補腎利水、強壯骨骼

■ **別稱**
子菜、膜菜、
紫瑛

■ **性味**
性寒，味鹹

■ **食用功效**
清熱利水、
補腎養心

✓ **適宜人士**：一般人士即可，尤其適合甲狀腺腫大、水腫患者
✗ **不適宜人士**：脾胃虛寒、腹瀉、便溏者等

✦ 紫菜的強身健體功效

1 多醣

紫菜含的多醣可增強細胞免疫和體液免疫功能，有助提高機體免疫力，促進淋巴細胞轉化，提高人體抵抗各種疾病的能力。紫菜含有抑制艾氏癌的因素，在防治腦瘤、乳腺癌和甲狀腺癌方面有一定的輔助作用。

2 鈣、鐵

紫菜含豐富的鈣、鐵元素，不僅是治療女性、兒童貧血的優良食物，也有助於兒童、老人的骨骼、牙齒的保健。

3 膽鹼（Choline）和維他命C

紫菜含有豐富的膽鹼和鐵元素，經常食用可補充大腦營養，對改善記憶力有益，也可延緩人體衰老。紫菜還含有維他命C，能促進抗體形成，增加人體抵抗力。

＋ 紫菜的營養搭配

紫菜 ＋ = 促進鈣質吸收 ✓

紫菜含有豐富的微量元素和維他命，有清熱利水、補腎養心、提高免疫力的作用。和雞蛋搭配食用，既美味又有營養，能夠促進維他命和鈣質的吸收。

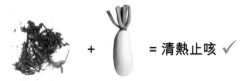

紫菜 ＋ = 清熱止咳 ✓

紫菜性寒，有補腎利水的作用；白蘿蔔是止咳化痰、養肺生津的上佳食物。兩者搭配食用，有很好的清熱止咳作用。

紫菜的營養元素表(每100g)	
★ 蛋白質 26.7g	★ 鈣 264mg
★ 維他命A 228μg	★ 鐵 54.9g
★ 維他命C 2mg	★ 硒 7.2μg

小米

18 強身健體

滋養腎氣、改善失眠

■ 別稱
黃小米、粟米、粟穀

■ 性味
性涼，味甘、鹹

✓ 適宜人士：一般人士，尤其是老人、病人、孕婦
✗ 不適宜人士：體質虛寒、氣滯者

■ 食用功效
和胃安眠

✦ 小米的強身健體成分

① 碳水化合物

小米含有大量的碳水化合物，對緩解精神壓力、緊張等有很大的功效。常食小米有助改善精神不集中、失眠多夢的症狀。

② 鐵、磷

小米含有豐富的鐵、磷等元素，具有滋陰養血、健腦的功效。常食小米粥可以使產婦虛寒的體質得到調養，幫助她們恢復體力。在中國北部的城市，小米常作為產婦滋養身體的補品。

③ 胡蘿蔔素

小米含有一般糧食不含的胡蘿蔔素，能夠促進人體的生長發育，對於人體健康和細胞發育也有很重要的作用。另外，胡蘿蔔素還能轉化為維他命A，對眼睛有很好的作用。同時，小米能維持和促進人體的免疫功能。

✚ 小米的營養搭配

 + = **補養身體** ✓

小米有健脾養胃、補虛的作用；紅糖對排除瘀血、補充流失血液有很好的功效。兩者搭配食用，對產婦補養身體有很好的作用，很適合產婦食用。

 + = **補血養顏** ✓

小米含有豐富的營養物質，有補虛滋養的作用；紅棗是補血的佳品。兩者搭配食用，有補血養顏、滋養腎氣的作用。

小米的營養元素表(每100g)

★ 蛋白質 9g
★ 纖維素 1.6g
★ 維他命A 17μg
★ 胡蘿蔔素 100μg

★ 鈣 41mg
★ 鐵 5.1mg
★ 磷 229mg

大米

19 強身健體

和胃養脾、補中益氣

- **別稱** 粳米、稻米
- **性味** 性平,味甘
- **食用功效** 健脾養胃、益精強志

✓ **適宜人士**:一般人士均可
✗ **不適宜人士**:糖尿病患者不宜多食

✦ 大米的強身健體成分

1 粗纖維

大米的米糠層含有大量的粗纖維分子,這些物質進入人體後,能促進胃腸蠕動,加快人體的新陳代謝,對於胃病、便秘、痔瘡等症有很好的預防和治療作用,有利於人體的康健。

2 蛋白質

大米含有豐富的蛋白質,是構成和修補細胞的主要物質,對於人體的生長發育、提高免疫功能有很好的作用,也有助於調節人體的生理機能,為人體活動提供能量。

3 礦物質

大米含有鈣、磷、鐵、鎂等礦物質,能滿足人體對礦物質的需求,這些物質在人體的生長發育和新陳代謝,發揮着重要的作用,也是人體健康的保證。

+ 大米的營養搭配

○ + 🥩 = **溫中補胃** ✓

大米含有豐富的蛋白質、鈣、磷、鐵、鎂等礦物質,有補中益氣、健脾養胃、益精強志的作用。和核桃煮粥食用,有強健骨骼、溫中補胃、養血補腦的作用。

○ + 🥔 = **補虛益氣** ✓

大米有和胃養脾、補中益氣的作用;山藥是滋腎益精、益肺止咳的佳品。兩者搭配食用,有很好的補虛益氣、延年益壽功效。

大米的營養元素表(每100g)	
★ 蛋白質 7.4g	★ 鎂 34mg
★ 鈣 13mg	★ 鉀 103mg
★ 鐵 2.3mg	

小麥

20
強身健體

養心益腎、防癌安神

- ■ 別稱
  白麥
- ■ 性味
  性涼，味甘、鹹
- ■ 食用功效
  和血健脾、
  除煩止血

✓ **適宜人士**：一般人士，尤其心血不足、失眠多夢者
✗ **不適宜人士**：糖尿病患者不宜多食

◆✦ 小麥的強身健體成分

1 蛋白質和微量元素

小麥富含蛋白質、鈣和鐵，每100g小麥含蛋白質11.9g，含鈣34mg，含鐵5.1mg。由小麥加工而成的麵包和點心（尤其是全麥麵包）是抗憂鬱食物，對緩解精神壓力、緊張等有一定的功效。

2 膳食纖維

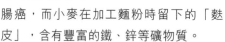

小麥含有豐富的膳食纖維，可預防便秘和腸癌，而小麥在加工麵粉時留下的「麩皮」，含有豐富的鐵、鋅等礦物質。

3 纖維素和抗氧化劑

小麥含有纖維素和抗氧化劑，進食全麥食品，可以降低血液循環中雌激素的含量，達到防治乳腺癌之目的。小麥的各種營養物質也達到預防大腸癌的作用。

4 維他命

小麥不僅有豐富的蛋白質和粗纖維，還含有維他命E、維他命A、核黃素等營養物質，這些物質對於人體的強健起着不可替代的作用。

✓ 小麥的食用宜忌

✓ 失眠多夢者宜食。
✓ 有腳氣者宜食。
✓ 便秘、抑鬱者宜食。

✗ 精製麵粉不宜長期食用。
✗ 腸胃不好者忌食用過量麵包。

- **選購技巧**：新鮮的麵粉有正常的氣味，顏色較淡且清。
- **儲存竅門**：用存放時間較長的小麥磨成麵粉，比新磨的麵粉品質較好，民間有「麥吃陳，米吃新」的説法。存放麵粉的時候，要注意避免生蟲。

➕ 小麥的營養搭配

 + = **補脾益肺** ✓

 + = **營養均衡** ✓

小麥含有豐富的蛋白質和微量元素，有凝神斂汗、止渴除煩的作用；糯米有補脾益肺的作用。兩者熬成粥，很適合心神不寧、失眠多夢者食用。

小麥類食品中蛋白質的賴氨酸含量不足，蛋氨酸含量高；大豆中的蛋白質蛋氨酸低，賴氨酸高，兩者搭配有利於營養均衡。

 = **安神寧氣** ✓

 + = **養心安神** ✓

小麥含有豐富的蛋白質和微量元素，有止渴除煩的作用；桂圓有安神寧氣的功效。兩者合用，對失眠、健忘等症有很好的療效作用。

小麥和紅棗搭配食用，有健脾開胃、養心安神之功效。對病後體虛、心煩氣躁、失眠等症有很好的防治作用。

🍴 小麥的營養吃法

刀切饅頭

材料：

麵粉500g，發酵粉2g，水適量。

做法：

將麵粉加水和發酵粉均勻和麵；放置一段時間，待麵糰發酵後，做成長條狀麵糰，用刀切成同等大小的饅頭。鍋內放適量水，水燒開後，放入饅頭蒸熟即可。

功效：

養心益腎、和血健脾。

小麥的營養元素表(每100g)	
★ 蛋白質 11.9g	★ 鈣 34mg
★ 纖維素 10.8g	★ 鐵 5.1mg
★ 維他命E 1.82mg	

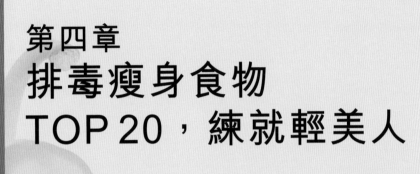

第四章
排毒瘦身食物
TOP 20，練就輕美人

　　隨着生活水平的提高，肥胖已經成為健康的一個重
要話題。因為肥胖引起的疾病有很多，其實，只要正確
飲食，多吃一些能夠美體瘦身的食物，一樣能夠減肥。

排毒瘦身是很多愛美人士的追求，下面介紹20種食物，既營養又美味，還有助於排毒瘦身。讓你在享受美食的同時，避免肥胖之憂。

前 20名
排毒瘦身食物排行榜

食物名稱	上榜原因	食用功效	主要營養成分
大白菜	■大白菜含有大量的碳水化合物，並且脂肪含量很少，能促進人體的新陳代謝。	平寒無毒、清熱利水、養胃解毒、瘦身美體。	維他命C、維他命E、脂肪、纖維素、鈣。
茼蒿	■茼蒿含有大量的膳食纖維，有利於人體內的雜質排出體外，避免人體虛胖。	補脾胃、清血養心、降壓、助消化、利二便。	脂肪、纖維素、胡蘿蔔素、鐵。
香蕉	■香蕉含有大量的糖類物質，食用之後，會有飽腹的感覺，很適合需要減肥的愛美人士食用。	清熱解毒、生津止渴、潤腸通便、瘦身美體。	蛋白質、纖維素、脂肪、維他命C。
檸檬	■檸檬含有大量的檸檬酸，它能夠促進人體新陳代謝，分解糖分和熱量，在產生能量的同時，避免熱量在人體內堆積。	解暑開胃、祛熱化痰、美容減肥。	碳水化合物、檸檬酸、酒石酸、鈣、鉀。
菠菜	■菠菜含有大量的植物粗纖維，可以提供大量的纖維素。	養血、止血、斂陰、美容減肥。	維他命C、脂肪、纖維、鈣、鐵。
冬瓜	■冬瓜所含的丙醇二酸，能抑制碳水化合物在體內轉化為脂肪。	清熱解暑、利尿通便、美容減肥。	碳水化合物、脂肪、維他命C、鈣、磷。
金針菇	■金針菇的熱量和脂肪含量都很低，食用之後，不會造成熱量和脂肪在人體內堆積。	補肝補腦、健脾開胃、美容減肥、防癌抗癌。	碳水化合物、脂肪、纖維素、維他命C、鉀。
柚子	■柚子的熱量低，脂肪也很低，並且含有豐富的碳水化合物，在補充人體水分的同時，還可以減少脂肪在體內堆積。	健脾養胃、止咳除煩、美容瘦身。	維他命C、碳水化合物、脂肪、胡蘿蔔素、鉀。
火龍果	■火龍果含有豐富的植物蛋白，可以與體內的重金屬結合，排出體外，有利於美容美體。	潤腸解毒、清熱除煩、減肥瘦身。	維他命C、脂肪、蛋白質、粗纖維、鐵。

楊梅	■楊梅的熱量和脂肪都很低，能避免熱量在人體內堆積，有利於美容瘦身。	健脾開胃、解毒驅寒、生津止渴。	脂肪、蛋白質、纖維素、維他命C、鈣。
海蜇	■海蜇含有豐富的維他命E和硒元素，能夠幫助清除自由基，有利於瘦身美體。	清熱解毒、化痰軟堅、降壓消腫。	維他命A、脂肪、蛋白質、鈣。
綠豆	■綠豆含有大量的纖維素，能夠促進胃腸蠕動，加快人體的新陳代謝，有利於美容和減肥。	止渴利尿、清熱解毒、消暑除煩。	碳水化合物、脂肪、纖維素、鈣、鉀。
扇貝	■扇貝含有核黃素、葉酸等B族維他命，它們可以促進人體消化液分泌和胃腸活動。	滋陰補腎、和胃調中、降血脂。	維他命E、脂肪、蛋白質、核黃素。
田螺	■田螺含有的鉀、鋅，可以促進將多餘的水分、尿液、毒素排出體外。	清熱明目、利水通淋、解暑、止渴。	維他命E、脂肪、蛋白質、核黃素。
粟米	■粟米含有B族維他命，它們可以促進人體的糖類、蛋白質和脂肪分解，加快人體的新陳代謝。	調中健胃、利尿、促進食慾、減肥。	維他命C、脂肪、纖維素、鐵。
番薯	■番薯中含的膳食纖維比較多，對促進胃腸蠕動、加快新陳代謝有很好的作用。	補虛乏、益氣力、潤腸通便。	脂肪、蛋白、纖維素、鈣。
糙米	■糙米含有大量的膳食纖維，可促進腸道有益菌增殖、加速腸道蠕動、軟化糞便，促進人體的新陳代謝。	健脾養胃、補中益氣、鎮靜神經。	碳水化合物、蛋白質、纖維素、脂肪、鉀。
雞肉	■在肉類當中，雞肉的熱量是167Kcal，低於其他一些肉類物質，可以說是肉類中熱量較低的食物。	溫中益氣、補腎填精、養血烏髮、滋潤肌膚。	碳水化合物、脂肪、蛋白質、鈣。
瘦豬肉	■瘦豬肉含有豐富的維他命B₁，維他命B₁對神經組織和精神狀態有積極影響，食用後會感到更有力，有利於人體的肌肉美。	補腎養血、滋陰潤燥、補虛養肝。	維他命A、脂肪、蛋白質、鐵。
牛肉	■牛肉中鉀元素的含量很高，鉀在人體的主要作用是維持酸鹼平衡，參與能量代謝，維持神經肌肉正常功能。	補中益氣、滋養脾胃、強健筋骨。	維他命A、脂肪、蛋白質、鐵。

第四章 —— 排毒瘦身食物 Top 20，練就輕美人

1 排毒瘦身

大白菜

清熱利水、潤腸通便

- 別稱
  結球白菜、黃芽白菜

- 性味
  性平，味甘

✓ **適宜人士**：一般人，尤其是咳嗽、便秘者
✗ **不適宜人士**：腹瀉者、氣虛、胃寒、滑腸者

- 食用功效
  養胃解毒、瘦身美體

✦ 大白菜的排毒瘦身成分

1 膳食纖維

大白菜中含有豐富的膳食纖維，膳食纖維不僅能起到潤腸作用，還能刺激胃腸蠕動，促使人體內的雜質和有毒物質通過大便排出體外，能起到排毒養顏、美容瘦身的作用，對預防腸癌也有很好的作用。

2 碳水化合物

大白菜中含有大量的碳水化合物，並且脂肪含量很少，吃白菜不僅能滿足人體水分的需要，還能促進人體的新陳代謝，避免進食過多脂肪，造成肥胖。

3 熱量

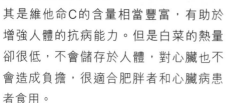

大白菜中含有多種對人體有益的營養物質，尤其是維他命C的含量相當豐富，有助於增強人體的抗病能力。但是白菜的熱量卻很低，不會儲存於人體，對心臟也不會造成負擔，很適合肥胖者和心臟病患者食用。

＋ 大白菜的營養搭配

＝ **潤腸通便** ✓

大白菜有潤腸通便的作用；豆腐寬中益氣、調和脾胃，通大腸濁氣，含有豐富的營養物質。兩者搭配，熬製成湯，不僅營養豐富，還有清熱利尿、潤腸通便的作用，很適合便秘和肥胖者食用。

＝ **利腸胃** ✓

大白菜有清熱利水的功效，和富含鈣質的蝦米搭配，具有補腎、利腸胃、強骨骼的作用。尤其適合於肥胖者經常食用。

大白菜的營養元素表(每100g)

- ★ 脂肪 0.1g
- ★ 維他命C 31mg
- ★ 碳水化合物 3.2g
- ★ 纖維素 0.8g
- ★ 維他命E 0.76mg
- ★ 鈣 50mg

■ 別稱
蓬蒿、蒿子稈

■ 性味
性溫，味辛、甘

■ 食用功效
補脾胃、降壓、
助消化

2
排毒瘦身

茼蒿

健脾養胃、清血養心

✓ 適宜人士：一般人均可
✗ 不適宜人士：胃虛腹瀉者

✦ 茼蒿的排毒瘦身成分

1 膳食纖維

茼蒿中含有大量的膳食纖維，有助於腸道蠕動，促進排便，排毒養顏的同時，也有利於人體內的雜質排出體外，避免人體虛胖。另外，茼蒿有促進蛋白質代謝的作用，可促進脂肪分解，進而起到減肥的作用。

2 熱量

茼蒿中的熱量含量很低，只有21Kcal，並含有豐富的維他命、胡蘿蔔素和多種氨基酸，食用後，既能滿足人體所需的營養，還有利於美體瘦身。

3 維他命E

茼蒿含有多種營養素。氨基酸、脂肪、蛋白質及較高含量的鈉、鉀等礦物質，能調節體內水液代謝、通利小便、消除水腫。避免人體因為新陳代謝不良而引起虛胖，達到瘦身美體的作用。

4 揮發油

茼蒿中含有特殊香味的揮發油，這種揮發油有寬中理氣、促進消化的作用，還可以養心安神、降低血壓。

✓ 茼蒿的食用宜忌

✓ 氣脹食滯、脾胃虛弱、口臭痰多、二便不暢者宜食。
✓ 茼蒿宜與肉、蛋等葷菜共炒，可提高其維他命A的利用率。
✓ 茼蒿涼拌或者蒸製，不易造成營養物質流失，是最好的食用方法。
✓ 一般人均可食用，一次不要吃太多。
✓ 烹調茼蒿宜用旺火，可保存營養。

✗ 茼蒿氣濁、易上火，一次忌食過量。
✗ 茼蒿辛香滑利，腹瀉者不宜多食。

• **選購技巧**：選購茼蒿的時候，要選擇莖葉嫩綠、清脆的茼蒿。

• **儲存竅門**：儲存茼蒿時，要將茼蒿中的爛葉或者莖稈去掉，然後用紙把茼蒿的根部包裹，再放在保鮮袋中，然後放到冰箱冷藏室內冷藏。

第四章

排毒瘦身食物Top20，練就輕美人

 ＝ 滋潤皮膚 ✓

　　茼蒿中含有豐富的維他命、胡蘿蔔素和多種氨基酸，和雞蛋一起搭配食用，有助於提高維他命A的吸收率，很適合皮膚乾燥或者視力不好者食用。

 ＝ 有利於營養吸收 ✓

　　茼蒿有促進蛋白質代謝的作用，有助於脂肪的分解，與魚肉同食，可促進魚類或肉類蛋白質的代謝，對營養的攝取有益，很適宜老年人食用。

 ＝ 清咳止痰 ✓

　　茼蒿性辛甘，有清血養心、化痰止咳、清利頭目的功效；蜂蜜能夠潤腸化痰、清咳止渴。兩者放在一起熬湯飲用，不僅營養豐富，對於痰熱咳嗽、肺燥等症有很好的療效。

 ＝ 傷胃腹瀉 ✗

　　茼蒿辛香滑利，吃多了很容易傷腸胃，引起腹瀉；柿子也是滑利之物，不可多吃。兩者搭配食用，滑利之勢更強，很容易引起腹瀉。因此，腸胃不好者，盡量避免兩者同食。

茼蒿的營養吃法

茼蒿丸子

材料：

茼蒿一把，麵粉適量，鹽、五香粉、麻油各適量。

做法：

茼蒿洗淨後切碎，撒入麵粉，加入適量五香粉、麻油；用筷子攪拌後捏成小丸子狀；然後放在蒸鍋中，水開後，蒸10分鐘左右，即可出鍋食用。

功效：

消食開胃、利脾通便、寬中理氣、潤肺化痰、利小便、降血壓、清血養心。

茼蒿的營養元素表(每100g)

★ 脂肪 0.3g	★ 纖維素 1.2g
★ 胡蘿蔔素 1510μg	★ 鐵 2.5mg
★ 碳水化合物 3.9g	

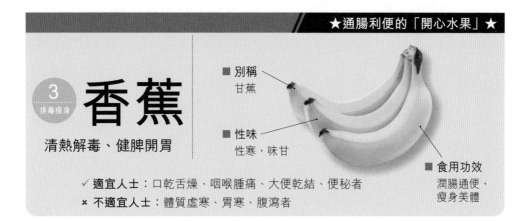

3
排毒瘦身

香蕉

清熱解毒、健脾開胃

■ 別稱
甘蕉

■ 性味
性寒,味甘

■ 食用功效
潤腸通便、
瘦身美體

✓ 適宜人士:口乾舌燥、咽喉腫痛、大便乾結、便秘者
✗ 不適宜人士:體質虛寒、胃寒、腹瀉者

✦ 香蕉的排毒瘦身成分

1 碳水化合物

香蕉含有大量的碳水化合物,有助於人體的新陳代謝,並且熱量很低,對減肥有效,可以減少熱量的攝入量。

2 纖維素

香蕉內含豐富的可溶性纖維,也就是果膠,可幫助消化,將體內的廢物和雜質排出體外,在清理腸胃、排毒減肥的同時,還有利於調整腸胃機能。由於香蕉容易被消化、吸收,因此從小孩到老年人,都可以安心食用。

3 糖類物質

香蕉含有大量的糖類物質,食用之後,會有飽腹的感覺,很適合需要減肥的愛美人士食用,也是減肥的上佳食物。

4 維他命A

香蕉富含維他命A,能有效維護皮膚、毛髮的健康,對於美體有很好的作用。另外,對手足皮膚龜裂十分有效,

而且還能令皮膚光潤細滑,是美容護膚的佳品。在繁忙的生活中,利用健康食品或營養補充劑來彌補飲食不均衡的人越來越多了,香蕉幾乎含有人體所需的各種維他命和礦物質,食物纖維含量豐富,是補充營養的首選佳品。

✚ 香蕉的搭配宜忌

 + **= 美容減肥** ✓

香蕉有通便利腸的作用;牛奶含有豐富的營養物質。兩者同食,有利於維他命的吸收,也是美容減肥的上好搭配。

 + **= 腹脹腹痛** ✗

香蕉性寒,是利滑之物,山藥有收斂作用,用於治療腹瀉,兩者同食,很容易引起胃部不適,引發腹脹、腹痛。腸胃虛弱者在食用時要特別注意。

香蕉的營養元素表(每100g)

★ 脂肪 0.2g	★ 蛋白質 1.4g
★ 纖維素 1.2g	★ 維他命C 8mg
★ 碳水化合物 22g	

第四章 ---- 排毒瘦身食物 Top 20,練就輕美人

檸檬

4
排毒瘦身

美體瘦身、解毒開胃

■ **別稱**
檸果、洋檸檬、
益母果

■ **性味**
性平，
味酸甘

■ **食用功效**
祛熱化痰、
美容減肥

✓ **適宜人士**：一般人均可

✗ **不適宜人士**：胃潰瘍、糖尿病、胃酸分泌過多者

✦ 檸檬的排毒瘦身成分

① 檸檬酸

檸檬中含有大量的檸檬酸，它能夠促進人體新陳代謝，分解糖分和熱量，在產生能量的同時，避免熱量堆積，可以減肥。

② 纖維素

檸檬含有纖維素，這些纖維素還能促進胃中蛋白分解酶的分泌，增加胃腸蠕動，將人體的雜質和廢物儘快排出體外，清潔腸胃，有利於美容減肥。

③ 酒石酸

檸檬也含有大量的酒石酸，它是一種抗氧化劑，能促進人體的新陳代謝，加快乳酸物質的分解，消除人體疲勞的同時，也起到美體瘦身的作用。

④ 鉀

檸檬含有豐富的鉀，它能調節人體的酵素反應，加速熱量的分解，將多餘的水分、尿酸、廢物排出體外，避免出現水腫型肥胖，有利於美容減肥，是愛美人士之佳品。

✓ 檸檬的食用宜忌

✓ 一般人均可食用。

✓ 貧血、骨質疏鬆者宜食。

✓ 一般都是做成飲料或果醬來吃，泡水味道清香宜人；很少生食。

✗ 胃潰瘍和胃酸過多者不宜食用。

✗ 患有齲齒的人和糖尿病患者應忌食檸檬，否則可能會加重病情。

✗ 過多食用會對牙齒和腸胃造成損傷。

選購技巧：選購檸檬時，要選擇手感硬實、果皮緊繃、顏色亮麗的檸檬。

儲存竅門：將買回來的檸檬用報紙包裹，放在冰箱的冷藏室內，可以存放一個月左右；對於已經切開沒吃完的檸檬，晾乾水分後，可放在白糖或者蜂蜜中醃製，用來泡水喝。

➕ 檸檬的搭配宜忌

 + = **促進發育** ✓

　　檸檬中含有豐富的維他命C；核桃中含有豐富的維他命E。兩者同食，有促進身體發育、強健骨骼、養血補血的作用。

 + = **美容瘦身** ✓

　　檸檬有消毒去垢、清潔皮膚的作用，和蜂蜜搭配，還能起到清潔腸胃、淡化色斑的作用，很適合愛美的女士食用。

 + = **補血養胃** ✓

　　檸檬中含有豐富的維他命C，能夠提高人體對牛肉中鐵質的吸收，有助於補血養胃、強健骨骼，增強人體免疫力，很適合貧血、骨質疏鬆者食用。

 + = **腹脹腹瀉** ✗

　　檸檬含有豐富的有機酸，容易與牛奶中的鈣質發生反應，形成沉澱物質。兩者搭配食用，容易引發腹脹、腹瀉等症狀。因此，應避免兩者搭配食用。

🍴 檸檬的營養吃法

蘋果檸檬果汁

材料：

蘋果1個，檸檬1個，青瓜1條。

做法：

將蘋果洗淨切成小塊，去掉核；檸檬洗淨切片，去掉籽；青瓜洗淨切成小塊。然後將上述材料放在榨汁機榨汁，濾出果汁即可飲用，也可加蜂蜜或冰糖飲用。

功效：

保養皮膚、美髮、穩定情緒、抑制黑色素的產生、生津止渴、利尿、調節血管通透性、解暑開胃、祛熱化痰。

檸檬的營養元素表(每100g)

★ 脂肪 0.3g	★ 纖維素 1.2g
★ 胡蘿蔔素 1510μg	★ 鐵 2.5mg
★ 碳水化合物 3.9g	

5
排毒瘦身

菠菜
補血養顏、美容減肥

■ 別稱
波斯菜、
赤根菜、
鸚鵡菜

■ 性味
性涼，味甘

■ 食用功效
養血、止血、斂陰

✓ 適宜人士：一般人均可食用
✗ 不適宜人士：腎炎、腎結石患者

菠菜的排毒瘦身成分

1 纖維素

菠菜中含有大量的植物粗纖維，可以促進腸道蠕動，有助於清理腸胃，利於排便，使身材苗條。在促進胰腺分泌、幫助消化的同時，還對慢性胰腺炎、便秘、痔瘡等疾病有很好的療效。

2 微量元素

菠菜含有豐富的鈣、磷、鐵、鎂等微量元素，能夠促進人體的新陳代謝，將人體的廢物排出體外，達到美體瘦身的效果。另外，菠菜中含有豐富的營養成分，減肥人士即使節食，也可避免營養供應不良。

3 熱量

菠菜的熱量為24Kcal，屬低熱量的食物，食用之後，不易在體內儲存熱量，造成肥胖，是一種既能減肥又有營養的蔬菜，一般人都可食用。

菠菜的營養搭配

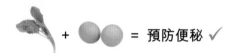

+ ⬤⬤ = 預防便秘 ✓

菠菜含有豐富的植物粗纖維，有潤腸利便的作用；雞蛋含有豐富的營養，有美容潤膚、強健身體的作用。兩者搭配食用，營養豐富，對預防便秘有很好的效果，而且能美容養顏。

+ ⬤ = 提高營養 ✓

菠菜有補血養顏、美容瘦身的作用，和芝麻搭配，營養更加豐富，特別適合愛美者以及老、幼、病、弱者食用。

菠菜的營養元素表(每100g)

★ 脂肪 0.3g
★ 碳水化合物 3.1g
★ 纖維素 1.7mg
★ 維他命C 32mg
★ 鈣 72mg
★ 鎂 34.3mg

冬瓜

6
排毒瘦身

清熱解暑、利尿通便

- 別稱
  水芝、地芝、枕瓜

- 性味
  性涼，味甘

- 食用功效
  利尿通便、美容減肥

✓ 適宜人士：一般人均可

✗ 不適宜人士：脾胃虛弱、久病泄滑、腎臟虛寒者

✦ 冬瓜的排毒瘦身成分

1 碳水化合物

冬瓜是含水量最高的蔬菜之一。由於冬瓜性涼，能清熱，有助於人體的清熱排毒，且適用於治療水腫、脹滿、痰喘、癰疽、痔瘡等症。

2 丙醇二酸

冬瓜有減肥的功效。由於冬瓜含有丙醇二酸，能抑制碳水化合物在體內轉化為脂肪。對防治高血壓、動脈硬化、減肥有良好效果。

3 熱量

冬瓜微量營養素含量一般，但熱量很低，且可消水腫，是減肥期間可多吃的蔬菜。冬瓜含維他命C較多，且鉀鹽含量高，鈉鹽含量較低，高血壓、腎臟病、浮腫病等患者食之，可起到消腫的功效。

4 維他命和微量元素

冬瓜含有多種維他命和人體必需的微量元素，可調節人體的代謝平衡。冬瓜含維他命C較多，且鉀鹽含量高，鈉鹽含量較低，可起到消腫而不傷正氣的作用。冬瓜有抗衰老的作用，久食可使皮膚潔白如玉、潤澤光滑，並可保持形體健美。

✓ 冬瓜的食用宜忌

✓ 一般人士皆可食用，每天60g左右為宜。

✓ 肥胖者、維他命C缺乏者、水腫、肝硬化、腹水、腳氣、糖尿病、高血壓、冠心病、癌症患者尤為適用。

✓ 冬瓜性寒味甘，夏季食用更為適宜。

✗ 久病不癒者與陰虛火旺、脾胃虛寒、易泄瀉者慎食。

✗ 服滋補藥品時忌食冬瓜。

✗ 冬瓜性寒，脾胃虛寒、腎虛者和女子月經期間，不宜多食。

選購技巧：選購冬瓜時，要選擇皮較硬、肉較緊密的冬瓜。

儲存竅門：由於含水量高，冬瓜的儲存成了一個問題。儲存時，可選一些不腐爛、沒有受過激烈撞擊、瓜皮上帶有一層完整白霜的冬瓜，放在沒有陽光的乾燥地方。

 **冬瓜的搭配宜忌**

 = 清熱消腫 ✓

　　冬瓜性涼，味甘，有清熱利便、利尿消腫的作用，和雞肉搭配，能去掉雞皮的油膩，美味營養的同時，還有美容減肥、清熱消腫的作用。

 = 尿頻 ✗

　　冬瓜性涼，有清熱利尿的作用；鯽魚也有潤腸通便、利尿消腫的作用。兩者搭配食用，很容易引起尿量增多。因此，尿頻者應盡量避免將兩者搭配食用。

 = 降壓去脂 ✓

　　冬瓜可以清熱解毒，脂肪和熱量都很低，食用後不會對腸胃造成負擔；海帶對降壓、減脂有很好的療效。兩者同食，有降血壓、降血脂的功效，很適合高脂血症、高血壓患者食用。

= 降低營養 ✗

　　冬瓜含有豐富的維他命和微量元素，醋裏面的酸性物質容易將冬瓜中的營養成分破壞，兩者搭配食用，會降低食物的營養價值，造成營養流失。因此，在日常飲食中應避免兩者搭配食用。

冬瓜的營養吃法

冬瓜燉排骨

材料：

冬瓜400g，排骨適量，芫茜2棵，葱1棵，辣椒、鹽、味精、麻油、五香粉各適量。

做法：

冬瓜洗淨切塊備用；芫茜清洗乾淨切段；排骨洗淨放入電飯鍋內加適量的水煮30分鐘左右；清除排骨湯上面的血沫，加入葱、五香粉，倒入冬瓜再燉製1個小時左右，用筷子插冬瓜和排骨，如果已經燉爛，這時候加入鹽、辣椒再燉5~6分鐘，關火，放味精、麻油，撒上芫茜即可。

功效：清熱解暑、利尿通便、強身健體。

冬瓜的營養元素表(每100g)

★ 脂肪 0.2g
★ 鈣 19mg
★ 碳水化合物 2.4g
★ 維他命C 18mg
★ 磷 12mg

金針菇

養胃補肝、美體瘦身

- ✓ 適宜人士：一般人均可
- ✗ 不適宜人士：脾胃虛寒者

■ **別稱**
金菇、樸菇

■ **食用功效**
健脾開胃、
美容減肥、
防癌抗癌

■ **性味**
性溫，味甘

金針菇的排毒瘦身成分

1 膳食纖維

金針菇含有豐富的膳食纖維，能促進胃腸蠕動，加快人體的新陳代謝，將人體的雜質和毒素排出體外。此外，膳食纖維還能降低膽固醇，並對某些重金屬有解毒、排毒作用。

2 鉀

金針菇含有豐富的鉀元素，鈉卻含量很低，是一種高鉀低鈉食品。鉀可以調節滲透壓和體液的酸鹼平衡，並參與細胞代謝。

3 熱量和脂肪

金針菇的熱量和脂肪都很低，食用之後，不會造成熱量和脂肪在體內堆積，避免人體肥胖，有利於減肥。

4 B族維他命和氨基酸

金針菇含有豐富的B族維他命和氨基酸，能滿足人體多種營養物質的需求，提高免疫力，修復細胞組織，強身健體，營養肌膚，延緩衰老，美容養顏。減肥期間食用金針菇，不僅能避免適當節食帶來的營養不良，還有利於瘦身美體。

金針菇的食用宜忌

- ✓ 一般人士均可食用。
- ✓ 氣血不足者宜食。
- ✓ 營養不良的老人、兒童宜食。
- ✓ 癌症、肝病患者宜食。
- ✓ 胃腸潰瘍、心血管疾病患者宜食。

- ✗ 不宜吃未熟透的金針菇，否則很可能會食物中毒。
- ✗ 脾胃虛寒者不宜過多食用金針菇。

選購技巧：選購金針菇時，要選擇顏色均勻、鮮亮的金針菇，避免有異味的金針菇。

儲存竅門：用保鮮袋將金針菇裝好，存放在冰箱的冷藏層，不要事先淋水，應保持原有的濕度。

第四章 ---- 排毒瘦身食物 Top 20，練就輕美人

✛ 金針菇的搭配宜忌

= 降血糖 ✓

金針菇含有豐富的營養；豆腐也含有大量的鈣質和豐富的營養元素。兩者搭配食用，有強身健體、降血糖的作用，很適合身體虛弱者和糖尿病患者食用。

= 腹絞痛 ✘

金針菇和牛奶一同食用，很容易引發腹絞痛。因此，應盡量避免將金針菇和牛奶放在一起食用。特別是脾胃虛寒者，更不能過多食用金針菇和牛奶。

= 提高免疫力 ✓

金針菇有補脾養肝、健腦益智的作用；椰菜花有潤腸通便的作用。兩者搭配是一種很好的保健食譜。

= 腹脹腹瀉 ✘

金針菇和驢肉搭配食用，很容易引發人體腹脹、腹瀉。因此，應避免將金針菇和驢肉放在一起食用。如果要食用，最好間隔半個小時左右。

金針菇的營養吃法

金針菇油菜湯

材料：

金針菇100g，油菜2棵，高湯適量，油、鹽適量。

做法：

鍋熱後放適量油，將清洗過的油菜放在鍋內翻炒1分鐘左右；將砂鍋放在火上，加入高湯，放入金針菇燉製40分鐘左右，放入油菜燉2分鐘後關火即可。

功效：

補肝、易腸胃、抗癌、增強智力、健脾開胃，還可以防治潰瘍病。

金針菇的營養元素表(每100g)

★ 脂肪 0.4g
★ 維他命C 2mg
★ 碳水化合物 6g
★ 纖維素 2.7g
★ 鉀 195mg

8 排毒瘦身 柚子

健脾養胃、潤腸通便

- **別稱**
  臭橙、霜柚
- **性味**
  性寒，味甘酸
- **食用功效**
  止咳除煩、美容瘦身

✓ **適宜人士**：一般人均可，尤其是胃病、消化不良者
✗ **不適宜人士**：氣虛體弱、高血壓、腹瀉者

◆ 柚子的排毒瘦身成分

① 熱量和脂肪

柚子的熱量低，脂肪含量也很低，並且含有豐富的碳水化合物，在補充人體所需水分的同時，也可以減少脂肪在人體堆積，對肥胖者有健體養顏功能，有利於美容瘦身。

② 果膠

柚子含有豐富的果膠，果膠對人體的鉛和重金屬物質有強烈的吸附作用，能將人體內的有害物質吸附在一起，隨新陳代謝排出體外，排毒養顏的同時，也有利於人體的減肥，還可以延緩衰老，降低膽固醇的含量。

③ 鉀

柚子含有豐富的鉀，能夠促進人體的新陳代謝，將人體中多餘的水分、尿液和廢物排出體外，避免了人體因水腫引起的肥胖。另外，柚子中幾乎不含鈉，很適合心血管疾病和腎臟疾病患者食用。

＋ 柚子的搭配宜忌

 ＝ **益氣補肺** ✓

柚子有清熱止咳的作用；雞肉有健脾益肺的功效。兩者搭配食用，營養豐富，有益氣補肺、下痰止咳的功效，適用於肺虛咳嗽、發作性哮喘等病症。

 ＝ **營養流失** ✗

柚子含有豐富的酸性物質；牛奶含有豐富的鈣質和蛋白質。兩者放在一起食用，容易形成蛋白質凝結，造成人體腹瀉，導致營養流失，所以在日常飲食中應避免兩者放在一起食用。

柚子的營養元素表(每100g)

★ 脂肪 0.2g
★ 鉀 119mg
★ 碳水化合物 9.5g
★ 胡蘿蔔素 10μg
★ 維他命C 23mg

第四章 ---- 排毒瘦身食物Top 20，練就輕美人

9 排毒瘦身

火龍果

潤腸解毒、促進代謝

- **別稱**
  紅龍果、青龍果

- **性味**
  性涼，味甘

- **食用功效**
  美容保健、清熱除煩、減肥瘦身

- ✓ **適宜人士**：一般人均可
- ✗ **不適宜人士**：脾胃虛弱、腹痛腹瀉者

火龍果的排毒瘦身成分

1 植物性蛋白

火龍果中含有豐富的植物性蛋白，這種物質可以與人體的重金屬相結合，將人體的毒素，通過排泄系統排出體外，排毒的同時，有利於美容美體。

2 熱量和水分

火龍果是一種低熱量、高水分的水果，它滿足人體需要水分的同時，加快人體的新陳代謝，避免熱量在人體的堆積，有利於美容瘦身。

3 膳食纖維

火龍果含有豐富的水溶性膳食纖維，能夠促進人體的胃腸蠕動，還能加快新陳代謝，有潤腸通便、減肥的作用。同時，對於便秘和腸癌疾病還有一定的預防作用，腹瀉者盡量避免食用。

4 維他命C和鉀

火龍果含有豐富的維他命C，是一種抗氧化劑，能提高人體免疫力，不僅抗衰老還能夠起到美白肌膚的作用。另外含有的鉀，能加快新陳代謝，將人體多餘的水分和毒素排出體外，清理腸胃，避免水腫型肥胖的同時，還有美容的效果。

火龍果的食用宜忌

- ✓ 一般人均可食用。
- ✓ 大便燥結、肝火旺盛者宜食。
- ✓ 火龍果是熱帶、亞熱帶水果，宜現買現吃。

- ✗ 體質虛弱、月經期間的女性，應盡量少食。
- ✗ 保存時，不宜放在冰箱中，以免凍傷，反而很快變質。
- ✗ 最好現買現吃，避免存放太長時間，否則影響其口味。

- **選購技巧**：選購火龍果要選手感重的。越重的火龍果，一般果汁越多，果肉也越厚實。

- **儲存竅門**：火龍果儲存時，熟透的火龍果可以直接放在冰箱冷藏室儲存。對於較生的火龍果，放置在陰涼乾燥處，經過一段時間，即可成熟。

火龍果的搭配宜忌

 + = **補血養顏** ✓

牛肉中含有豐富的鐵質，鐵是製造血紅蛋白以及其他鐵質物質不可缺少的元素；火龍果含有豐富的維他命。兩者搭配食用，既美味，而且營養豐富，能起到補血養顏的效果，適合貧血患者食用。

 + = **腹瀉** ✗

火龍果性寒味甘，有潤腸通便的作用；香蕉性寒，有助於消化，也起潤腸通便的作用。兩者放在一起食用，如果過量，會造成人體腹瀉。因此，胃腸功能虛弱的人，盡量少食。

 + = **潤腸通便** ✓

火龍果和蜂蜜搭配食用，味道甜美，既能掩蓋火龍果果肉的生澀，還有潤腸通便的功效，蜂蜜也有通腸潤便的效果，兩者搭配在一起，很適合大便乾燥、上火咳嗽者食用。

 = **降低營養** ✗

火龍果含有豐富的維他命C；青瓜含有維他命C分解酶，會將維他命C分解掉。兩者放在一起食用，會造成營養物質的流失。因此，應避免將兩種食物搭配食用，在日常飲食中需注意。

火龍果的營養吃法

火龍果牛奶汁

材料：

火龍果1個，牛奶1杯。

做法：

將火龍果洗淨後削去果皮、切成小塊，放入牛奶中即可食用。夏季可以冰凍後食用，冬季可以適當加熱後食用。

功效：

潤腸解毒、美容保健、減肥、降低血糖、預防貧血、解除重金屬中毒、抗自由基。

火龍果的營養元素表(每100g)

★ 脂肪 0.2g	★ 粗纖維 1.3g
★ 蛋白質 1.1g	★ 鐵 1.6mg
★ 維他命C 5.3mg	

第四章 —— 排毒瘦身食物 Top 20，練就輕美人

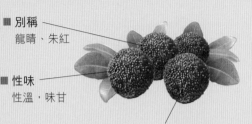

10
排毒瘦身

楊梅

健脾開胃、排毒養顏

- ■ 別稱
  龍睛、朱紅

- ■ 性味
  性溫，味甘

- ■ 食用功效
  解毒驅寒、生津止渴

✓ **適宜人士**：一般人均可

✗ **不適宜人士**：脾胃虛寒、胃腸疾病患者

楊梅的排毒瘦身成分

1 熱量和脂肪

楊梅的熱量和脂肪含量都很低，每100g楊梅中含熱量28Kcal、含脂肪0.2g。它滿足人體需要水分的同時，能加快人體的新陳代謝，避免熱量在人體積聚，對美容瘦身起很好的效果。

2 纖維素

楊梅含有豐富的纖維素，每100g楊梅中含纖維素約為1g。能促進胃腸蠕動，加快人體的新陳代謝，將人體的雜質和毒素排出體外。排毒養顏的同時，還有瘦身美體的作用。

3 果酸

楊梅含有豐富的果酸，果酸既能開胃生津、消食解暑，還有助於減肥。果酸對皮膚也有美白抗衰效果，已是全球皮膚科醫師應用在輔助治療的一種手段，愛美想瘦的女性，不妨多吃些楊梅。

楊梅的搭配宜忌

 + = **排毒養顏** ✓

楊梅含有豐富的維他命和礦物質，營養豐富，還有健脾開胃、止吐利尿的作用；馬蹄也含有豐富的營養，溫中益氣、消積食。兩者搭配食用，營養更加豐富，還有排毒養顏的功效。

 + = **消化不良** ✗

楊梅含有豐富的果酸；牛奶含有豐富的蛋白質。兩者搭配食用，會生成人體不易消化的物質，影響人體對蛋白質的吸收，造成營養物質的流失，還容易使人消化不良，腸胃虛弱者食用時更應注意。

楊梅的營養元素表(每100g)

- ★ 脂肪 0.2g
- ★ 蛋白質 0.8g
- ★ 纖維素 1g
- ★ 維他命C 9mg
- ★ 鈣 14mg
- ★ 鉀 149mg

11
排毒瘦身
海蜇
清熱解毒、延緩衰老

- ■ 別稱
  水母、
  白皮子
- ■ 性味
  性平，味鹹
- ■ 食用功效
  化痰軟堅、
  降壓消腫

✓ **適宜人士**：一般人均可
✗ **不適宜人士**：脾胃虛寒者

✦ 海蜇的排毒瘦身成分

1 熱量和脂肪

　　海蜇的熱量和脂肪含量都很低，每100g海蜇絲含熱量74Kcal、含脂肪0.3g。常食海蜇可以有效地避免熱量和脂肪在人體內堆積，從而有效地預防人體肥胖。

2 抗氧化劑

　　海蜇含有豐富的維他命E和硒元素，這兩種物質是很強的抗氧化劑，有預防人體衰老的作用。同時還有利於瘦身美體。

3 無機鹽

　　海蜇含有豐富的無機鹽、鈣、磷、鈉、鎂等，能夠維持身體水和電解質的平衡，促進人體的代謝，將廢物和毒素排出體外，有利於人體的美容減肥。

＋ 海蜇的搭配宜忌

 + = **清熱消腫** ✓

　　海蜇含有豐富的營養，有滋陰潤腸、清熱化痰、降壓消腫的作用；馬蹄有清熱化痰、開胃消食的作用。兩者搭配食用，有消積化痰的輔助治療作用。

 + = **刺激腸胃** ✗

　　海蜇含有豐富的蛋白質；柿子含有大量的單寧酸。兩者搭配食用，會使單寧酸和蛋白質反應，生成人體不易消化的食物，降低食物的營養，還會刺激腸胃，引起人體不適，腸胃不適者應慎重食用。

海蜇的營養元素表(每100g)

★ 脂肪 0.3g	★ 鈣 120mg
★ 蛋白質 6g	★ 磷 22mg
★ 維他命A 14μg	★ 鉀 331mg

12
排毒瘦身

綠豆

祛熱解毒、止渴利尿

- ■ 別稱　青小豆、植豆
- ■ 性味　性涼，味甘
- ■ 食用功效　清熱解毒、美容減肥

✓ 適宜人士：一般人均可

✗ 不適宜人士：脾胃虛寒、泄瀉者

✦ 綠豆的排毒瘦身成分

1 纖維素

綠豆含有大量的纖維素，能夠促進胃腸蠕動，加快人體的新陳代謝，將人體的廢物和毒素排出體外。

2 低糖澱粉

綠豆含有大量的低糖澱粉，食用之後不會吸收太多熱量，不會造成熱量和脂肪在人體內的堆積。

3 脂肪

綠豆的脂肪含量很低，每100g含脂肪只有0.8g。食用之後，不會造成脂肪在人體內堆積，有利於減肥。

4 鉀

綠豆中含有大量的鉀，每100g含鉀達到787mg。鉀有利人體的新陳代謝，使人體內的多餘水分、尿液、毒素排出體外，從而避免人體出現水腫型肥胖。

5 蛋白質

綠豆所含的蛋白質和磷脂成分均有興奮神經、增進食慾的功能，為身體重要的臟器增加必需的營養。

✓ 綠豆的食用宜忌

✓ 一般人皆可食用。

✓ 熱性體質、高血壓患者、咽喉腫痛、大便燥結者，應經常食用綠豆來解毒保健。

✓ 冠心病、中暑、暑熱煩渴、瘡毒患者適宜食用。

✗ 不宜食用未煮爛的綠豆，腥味強烈，食後易引起噁心、嘔吐。

✗ 綠豆性涼，脾胃虛弱者不宜吃。

✗ 服補藥時不要吃綠豆食品，以免降低藥效。

選購技巧：在選購綠豆時，最好選擇表皮鮮綠有光澤，而且顆粒飽滿的綠豆。

儲存竅門：新鮮未生蟲的綠豆，曬乾之後，放入罐子密封，可以保存很久。

✚ 綠豆的營養搭配

 + = **清熱解煩** ✓

　　綠豆有清熱解毒、消暑止渴的作用；南瓜有補中益氣的功效。兩者搭配，能起到生津益氣的效果，對於夏天心煩氣躁、口渴乏力、頭昏腦脹等症有很好的療效。

 + = **養心除煩** ✓

　　綠豆性涼，有解毒消腫、健脾益胃之功效，和百合搭配食用，清熱解毒的同時，還有養心除煩的作用。很適合肝火旺盛、心煩氣躁者食用。

 + = **降血壓** ✓

　　綠豆中含有豐富的澱粉，澱粉易轉化為血糖，使人體血糖升高。燕麥有抑制血糖升高的功效。兩者搭配，既富含營養，又能避免血糖升高，適合糖尿病患者食用，但在食用時應注意量的比例搭配。

 + = **清熱補血** ✓

　　綠豆和木耳搭配食用，有潤肺生津、益氣除煩、清熱補血的功效。對肝火旺盛、心煩氣躁、貧血等症有很好的防治作用。

🍴 綠豆的營養吃法

綠豆豆沙包

材料：

麵粉500g，綠豆500g，酵母適量，糖適量。

做法：

將麵粉加入適量的水和酵母粉和成麵團，充分揉和後，搓成長條，擀成麵片；將綠豆清洗後泡發，放入高壓鍋中煮爛，用攪拌機打成泥，放入適量的糖，製成豆沙；將豆沙餡用薄麵皮包裹，然後蒸熟即可。

功效：解暑開胃、祛熱化痰、止咳利尿。

綠豆的營養元素表(每100g)

★ 脂肪 0.8g	★ 纖維素 6.4g
★ 鈣 81mg	★ 鉀 787mg
★ 碳水化合物 62g	

13
排毒瘦身

扇貝

滋陰補腎、健體輕身

- **別稱**
  海扇、帆立貝

- **性味**
  性寒，味鹹

- **食用功效**
  和胃調中、降血脂、
  降膽固醇、美容瘦身

✓ **適宜人士：**一般人均可

✗ **不適宜人士：**兒童、痛風病患者、脾胃虛寒者

✦ 扇貝的排毒瘦身成分

1 脂肪

扇貝的脂肪含量很低，每100g扇貝含脂肪0.6g，是一種低脂肪、高蛋白的水產品。食用之後，既能滿足人體營養的需要，還可以避免脂肪在人體內堆積造成的肥胖。愛美想瘦的人可以多吃一些扇貝。

2 B族維他命

扇貝含有核黃素、葉酸等B族維他命，它們是人體的糖類、蛋白質和脂肪代謝的重要物質，而且有利於美體瘦身。

3 鈣、鐵、鉀

扇貝含有豐富的鈣、鐵、鉀等營養物質，每100g扇貝含鈣42mg、含鐵7.2mg、含鉀122mg。鈣有助於人體骨骼的強健和形體的健美；鐵是製造紅血球的重要物質，有利於人體美容養顏；鉀能加快人體新陳代謝，將人體多餘的廢物和雜質排出體外，從而有利於美體瘦身。

＋ 扇貝的搭配宜忌

 ＋ ＝ **降低寒性** ✓

扇貝性寒，味鹹，是寒利食物；薑性溫，味辛，是溫熱助火之物。兩者搭配食用，可以降低扇貝的寒性，還有祛除扇貝腥味的作用，提高鮮味，讓扇貝更加美味而有營養。

 ＋ ＝ **影響消化** ✗

扇貝中含有豐富的蛋白質和鈣質；山楂中含有大量的鞣酸。兩者搭配食用，會發生反應，產生人體不易消化的物質，對胃部也有損傷，影響人體對蛋白質和鈣質的吸收，造成營養物質的流失，長時間食用會對人體造成傷害，胃部不適者應慎重食用。

扇貝的營養元素表(每100g)

★ 脂肪 0.6g	★ 核黃素 0.1mg
★ 蛋白質 11.1g	★ 鈣 42mg
★ 維他命E 11.85mg	★ 鐵 7.2mg

14
排毒瘦身

田螺

清熱明目、利尿去腫

- 別稱
  田中螺、黃螺
- 性味
  性寒，味甘、鹹
- 食用功效
  利水通淋、解暑、止渴、醒酒、減肥

✓ 適宜人士：一般人皆可
✗ 不適宜人士：脾胃虛寒者以及過敏體質者、瘡瘍患者等

田螺的排毒瘦身成分

1 熱量和脂肪

田螺是高蛋白、低熱量、低脂肪的食物，每100g田螺中含脂肪僅為0.2g。食用田螺，既可以滿足人體蛋白質營養的需要，又可以避免熱量和脂肪在人體堆積，從而有效地預防肥胖。

2 鈣

鈣的含量尤其豐富，每100g田螺含鈣量約1030mg。食用田螺可以為人體補充大量的鈣質，鈣是骨骼結構和人體代謝的重要元素，有助於預防骨質疏鬆以及佝僂病，保持體型。

3 鐵

鐵的含量也很豐富，每100g田螺含鐵19.7mg。鐵是造血的主要原料之一，是讓人臉色紅潤避免貧血的重要物質。

田螺的搭配宜忌

 = **降低寒性** ✓

田螺性寒，味甘、鹹，是寒利之物，不宜多食；大蒜性溫，味辛，是溫熱之物。田螺和大蒜搭配食用，可以降低田螺的寒性，還有令田螺更美味的作用。

 = **腹瀉** ✗

田螺含有很多的生物活性物質，清熱、利水；木耳中含有豐富的類脂和膠質。但是兩者搭配食用，很容易引起人體腹瀉，對人體健康不利，造成營養流失，腸胃不適者應慎重食用。

田螺的營養元素表(每100g)

- ★ 脂肪 0.2g
- ★ 蛋白質 11g
- ★ 維他命E 0.75mg
- ★ 核黃素 0.19mg
- ★ 鈣 1030mg
- ★ 鐵 19.7mg
- ★ 鉀 98mg

第四章 排毒瘦身食物Top 20，練就輕美人

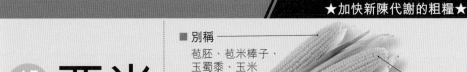

15
排毒瘦身

粟米

調中和胃、利尿減肥

■ 別稱
苞胚、苞米棒子、
玉蜀黍、玉米

■ 性味
性平，味甘

■ 食用功效
利尿、促進食慾、減肥

✓ 適宜人士：一般人均可
✗ 不適宜人士：皮膚病患者、尿失禁、易腹脹者

✦ 粟米的排毒瘦身成分

1 膳食纖維

粟米中含有大量的膳食纖維。具有增強體力和耐力、刺激胃腸蠕動、加速糞便排泄的作用，有助於人體的美容減肥，對於便秘、腸炎、腸癌等症也有很好的療效。

2 B族維他命

粟米中含有維他命B_1、維他命B_2、維他命B_6和維他命B_3等B族維他命，它們是人體的糖類、蛋白質和脂肪代謝的重要物質，有利於美體瘦身。

3 鉀

粟米中含有豐富的鉀，能調節細胞內適宜的滲透壓，還可以調節體液的酸鹼平衡，維持正常的神經興奮性和心肌運動。

✚ 粟米的搭配宜忌

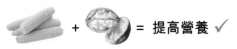

+ = 提高營養 ✓

粟米和核桃中都含有豐富的B族維他命，兩者搭配食用，不僅營養豐富，而且有利於消化吸收，滿足人體營養需要的同時，還有利於美體瘦身。

+ = 消化不良 ✗

粟米和番薯均含有大量的澱粉，雖然它們都是低脂肪高纖維的化合物，但是兩者一起食用，很容易引發人體腹脹、腹痛。一根普通的10厘米長番薯或是粟米，其熱量相當於一碗米飯的熱量。故減肥者應慎重選擇。此外，胃腸功能薄弱和消化不良者，應盡量避免兩者一起食用。

粟米的營養元素表(每100g)

★ 脂肪 1.2g
★ 纖維素 2.9g
★ 維他命C 16mg
★ 鐵 1.1mg
★ 鉀 238mg

16 排毒瘦身	**番薯**

補脾益氣、潤腸通便

- **別稱** 紅薯、白薯、地瓜
- **性味** 性平,味甘
- **食用功效** 補虛乏、益氣力

✓ **適宜人士**:一般人均可

✗ **不適宜人士**:胃潰瘍、胃酸過多者以及糖尿病患者

✦ 番薯的排毒瘦身成分

1 膳食纖維

番薯含有較多的膳食纖維,對促進胃腸蠕動、加快新陳代謝有很好的作用,可以避免廢物在人體堆積而引起的肥胖,同時對於治療痔瘡和肛裂等,以及預防直腸癌和結腸癌也有一定作用。

2 鈣、磷、鉀

番薯含有豐富的礦物質鈣、磷、鉀,對維持和調節人體功能起着很重要的作用。其中的鉀在促進人體新陳代謝、排出多餘水分方面,發揮着重要作用,可以避免人體出現水腫型肥胖。

3 熱量

番薯是一種理想的減肥食品,每100g含脂肪0.2g,含量極低,食用之後,不會造成熱量在人體的堆積,很適合肥胖者減肥食用。同時,番薯富含膳食纖維,有助於加速腸道的排泄。

➕ 番薯的搭配宜忌

+ = **預防疾病** ✓

番薯含有豐富的蛋白質、澱粉、果膠、纖維素、氨基酸及各種礦物質,有抗癌、保護心臟、預防肺氣腫、糖尿病等功效;芝麻味甘性平,有補肝益腎、潤燥通便之效,其中含有大量的脂肪。兩者搭配食用,營養美味的同時,還可以預防心臟病、癌症等疾病。

+ = **影響消化** ✗

番薯含有豐富的澱粉;香蕉含有大量的鞣酸。兩者搭配食用後,會使澱粉和鞣酸發生反應,產生胃內結石,引起腹脹、腹痛、嘔吐,影響人體的消化吸收。嚴重時可導致胃出血。

番薯的營養元素表(每100g)

★ 脂肪 0.2g	★ 鈣 23mg
★ 蛋白質 1.1g	★ 鉀 130mg
★ 纖維素 1.6g	★ 鎂 1.2mg

第四章 —— 排毒瘦身食物 Top 20,練就輕美人

糯米

17 排毒瘦身

健脾和胃、排毒養顏

- **別稱** 褐米
- **性味** 性平,味甘
- **食用功效** 補中益氣、鎮靜神經

✓ **適宜人士**:一般人均可,尤其是消化不良者
✗ **不適宜人士**:腸胃功能薄弱者

✦ 糯米的排毒瘦身成分

1 膳食纖維

糯米含有大量的膳食纖維,可促進腸道有益菌增殖、加速腸道蠕動、軟化糞便,促進人體的新陳代謝,將人體內廢物和毒素排出體外,尤其是非水溶性膳食纖維,還有吸水、降脂的作用,對於美容瘦身有很好的作用。

2 鉀

糯米含有豐富的鉀,是維持人體神經肌肉興奮性和平衡體液的重要物質。

3 熱量和碳水化合物

糯米的熱量含量低,碳水化合物含量豐富,食用後,不會造成熱量在人體內的堆積,還有利於水分的補充,很適合肥胖者減肥食用。

4 脂肪和酵素

糯米的脂肪含量很低,每100g含脂肪1.85g,食用後不會造成人體脂肪的堆積。另外,糯米中還含有酵素,酵素有幫助人體排出有毒物質、解除肝臟毒素的作用。

✓ 糯米的食用宜忌

✓ 一般人皆可食用。

✓ 煮前,宜將糯米淘洗後用冷水浸泡一夜,然後連同浸泡的水一起煮。

✓ 吃糯米對於糖尿病患者和肥胖者特別有益。

✗ 不宜吃純糯米飯。它口感較粗,質地緊密,煮起來也比較費時,而且營養成分會因加熱而損失。

✗ 糯米不宜與牛奶同食,會導致維他命A大量損失。

✗ 糯米一次不能吃太多,否則會很撐,而且要細嚼慢嚥。

✗ 糯米外殼比較堅硬,口感比較差。

選購技巧:選購糯米的時候,最好選擇顏色黃褐色、顆粒比較飽滿的糯米。

儲存竅門:糯米營養豐富,但是放置時間長了,很容易滋生米蟲。因此,為了儲存更長時間,可以將糯米分成小袋,然後放置在冰箱冷藏室內。

＋ ＝ 消除疲勞 ✓

糙米中含有豐富的維他命B$_1$；大蒜中含有豐富的蒜素。兩者搭配食用，蒜素能促進人體對維他命B$_1$的吸收，有利於人體美容護膚和消除疲勞，很適合疲憊者和愛美的女士食用。

 ＋ ＝ 補中益氣 ✓

糙米和南瓜搭配，通常煮粥食用，為民間喜食之瓜類飯食。不僅味道鮮甜可口，還有補中益氣、增進營養之功效。

 ＋ ＝ 補腎滋陰 ✓

糙米含有大量的營養物質，有促進人體新陳代謝的作用；枸杞有益氣補血、清肝明目的作用。兩者搭配食用，能夠補腎滋陰、益血明目，很適合腎虛、視力模糊者食用。

 ＋ ＝ 降低營養 ✗

糙米和牛奶搭配食用，會影響人體對於維他命A的吸收，而維他命A是清肝明目的重要營養元素。兩者如果需要搭配食用，最好將糙米加工成穀片。

🍴 糖米的營養吃法

糙米紅棗粥

材料：
糙米50g，紅棗20g，冰糖適量。

做法：
紅棗洗淨去核；糙米淘洗乾淨。然後將紅棗和糙米倒入鍋中，加水熬煮成粥即可。食用的時候可以加入冰糖調味。

功效：
味道香濃，有健脾養胃、補中益氣、鎮靜的作用。

糙米的營養元素表(每100g)

★ 蛋白質 8.07g	★ 膳食纖維 2.33g
★ 脂肪 1.85g	★ 鈣 13mg
★ 碳水化合物 77.9g	★ 維他命E 0.46mg

第四章 —— 排毒瘦身食物 Top 20，練就輕美人

18 排毒瘦身 雞肉

溫中益氣、補腎益精

■ **別稱**
家雞肉、公雞肉、母雞肉

■ **性味**
性溫，味甘

■ **食用功效**
補腎填精、養血烏髮

✓ **適宜人士**：一般人均可，尤其老人、小孩、體弱者
✗ **不適宜人士**：肝火旺盛、高血壓、高脂血症、膽結石者

✦ 雞肉的排毒瘦身成分

1 熱量

每100g雞肉所含的熱量是167Kcal，低於其他一些肉類物質，可以說是肉類中熱量相對比較低的食物。

2 蛋白質和脂肪

雞肉含有大量的蛋白質，但是脂肪含量卻很少，食用雞肉，既能產生飽腹感，滿足身體所需的能量，還能減少脂肪的攝入，避免脂肪在人體內堆積。

3 鉀

雞肉含有豐富的鉀，是人體酸鹼和體液平衡中的重要物質。

4 磷脂類

雞肉含有對人體生長發育有重要作用的磷脂類，它是一種有着重要作用的生物活性物質，含有人體所必需的營養。

＋ 雞肉的營養搭配

 ＝ **預防肥胖** ✓

雞肉中含有豐富的膠原蛋白和氨基酸，能滿足人體多種營養的需要，還含有較多的不飽和脂肪酸——油酸和亞油酸；冬瓜有利尿消腫的作用。兩者搭配食用，營養豐富，滿足人體營養的同時，又可利尿消腫，降低對人體健康不利的低密度脂蛋白膽固醇。

 ＝ **提高免疫力** ✓

椰菜花與雞肉搭配食用，營養豐富，可增強肝臟的解毒作用，提高機體免疫力，對感冒和壞血病等疾病還有很好的防治作用。

雞肉的營養元素表(每100g)	
★ 碳水化合物 1.3g	★ 鈣 9mg
★ 脂肪 9.4g	★ 鉀 251mg
★ 蛋白質 19.3g	

19
排毒瘦身
瘦豬肉
補腎益血、滋陰養肝

✓ **適宜人士：**一般人均可
✗ **不適宜人士：**脾胃虛弱者

■ **別稱**
豬瘦肉

■ **性味**
性平，味甘鹹

■ **食用功效**
滋陰潤燥、
補虛養肝

✦ 瘦豬肉的排毒瘦身成分

☐ 蛋白質

瘦豬肉含有豐富的蛋白質，每100g豬肉中蛋白質的含量是20.3g。蛋白質水解後的物質有利於調節人體水分的代謝，另外，蛋白質水解成氨基酸，還有利於消除水腫，預防水腫型肥胖。

☐ 脂肪

瘦豬肉脂肪含量很低，每100g瘦肉中含脂肪只有6.2g，對於害怕肥胖的愛美人士來說，瘦豬肉是個不錯的選擇，但是每天別超過2兩。

☐ 鐵

瘦豬肉含有豐富的鐵質，可補虛強身，補血養顏，病後體弱、產後血虛、面黃羸瘦者皆可將瘦豬肉當作日常生活的主要副食品，既能美容養顏，又能強健人體。

☐ 熱量

瘦豬肉的熱量含量較肥豬肉低，每100g瘦豬肉的熱量為143Kcal，不易造成熱量在人體內的堆積，從而避免了人體食用高熱量物質造成的肥胖。

＋ 瘦豬肉的營養搭配

＋　　　＝ **強健體質** ✓

豬肉含有豐富的維他命B_1，大蒜能延長維他命B_1在人體內停留的時間，以方便人體的吸收。兩者搭配，營養豐富，充分吸收營養，可以起到促進血液循環、消除疲勞、強健體質的作用。

＋　　　＝ **滋陰健脾** ✓

蓮藕性寒，具有健脾開胃、益血生肌、止瀉的作用，配以滋陰潤燥、補中益氣的豬肉，素葷搭配，營養豐富，具有滋陰血、健脾胃的功效。

瘦豬肉的營養元素表(每100g)

★ 脂肪 6.2g	★ 蛋白質 20.3g
★ 維他命A 44μg	★ 鐵 3mg
★ 碳水化合物 1.5g	

第四章 ---- 排毒瘦身食物Top 20，練就輕美人

20
排毒瘦身

牛肉

補中益氣、瘦身美體

■ 別稱
　無

■ 性味
　性溫，味甘鹹

■ 食用功效
　滋養脾胃、
　強健筋骨

✓ **適宜人士**：一般人均可

✕ **不適宜人士**：濕疹、瘙癢者以及內熱盛者

✦ 牛肉的排毒瘦身成分

1 熱量

　　牛肉的肥肉含量少，脂肪含量很低，對於喜歡吃肉但是又害怕肥胖的人士，牛肉是個很好的選擇。

2 蛋白質和脂肪

　　牛肉含有豐富的蛋白質，但是脂肪含量很低，常食牛肉，既能滿足人體營養和能量的需要，還不會造成肥胖。

3 鉀

　　牛肉中鉀元素的含量很高，大約每100g含鉀284mg。鉀是維持肌肉興奮性和人體酸鹼平衡的重要物質。

4 鐵

　　牛肉含有豐富的鐵質，每100g牛肉中含鐵3.2mg，鐵是造血必需的礦物質，有補血養顏、強健人體的作用。能使人體皮膚光滑細膩、充滿光澤，是美體美肌的上好食物。

✓ 牛肉的食用宜忌

✓ 一般人均可食用。

✓ 身體虛弱、缺乏營養者可常食牛肉。

✓ 貧血、面黃無光者適宜食用牛肉。

✕ 服氨茶鹼時禁忌食用牛肉。

✕ 皮膚病、肝病、腎病患者慎食。

✕ 牛肉的肌肉纖維較粗糙，不易消化，老人、幼兒及消化能力弱的人不宜多吃。

✕ 內熱盛者禁忌食用牛肉。

• **選購技巧**：選購牛肉時，要挑選顏色為紅色、上面有光澤的牛肉。

• **儲存竅門**：儲存牛肉宜用保鮮膜包裹好，放在冰箱的冷凍室內，需要食用的時候再解凍食用。而已經煮熟的牛肉，最好不要放置太長時間。

✚ 牛肉的搭配宜忌

 + = **美容瘦身** ✓

　　牛肉有補脾養胃、強健筋骨、滋補身體的作用；芹菜有清熱利尿、降壓的功效。兩者搭配食用，既能供給人體所需要的養分，又有美容瘦身的作用，很適合肥胖者或者高血壓患者食用。

 + = **排毒養顏** ✓

　　牛肉中含有豐富的肉毒鹼，用於脂肪的新陳代謝；薑也有促進人體新陳代謝的功能。兩者搭配食用，既富含豐富的營養，又起到排毒養顏的作用，很適合愛美的人士食用。

 + = **滋補強身** ✓

　　牛肉有補中益氣的作用，搭配南瓜食用，有補益五臟、強筋壯骨、解毒止痛的作用。很適合體質虛弱者食用。

 + = **肝火旺盛** ✗

　　牛肉性溫，味甘，有補氣助火的作用；白酒也是助火之物。兩者搭配食用，很容易使人肝火旺盛，進而易發口腔潰瘍、眼睛紅腫、牙齒腫痛等症狀。所以，盡量避免兩者一起食用。

🍴 牛肉的營養吃法

五香滷牛肉

材料：

牛肉500g，肉桂6g、丁香3g、八角6g，雞湯1碗，鹽、薑、蔥、醬油、料酒、蒜、茴香、花椒適量。

做法：

牛肉清洗乾淨，切成大塊；將牛肉放入開水中焯水3分鐘左右取出；在乾鍋中放油，燒熱時放入蔥、薑、蒜爆香，淋上料酒、醬油，撒入調料，放入牛肉，加熱水和雞湯，大火煮30分鐘左右，改為小火燉製。

功效：補中益氣、滋養脾胃。

牛肉的營養元素表(每100g)	
★ 脂肪 2.3g	★ 鐵 2.8mg
★ 蛋白質 20.2g	★ 鉀 284mg
★ 維他命B$_3$ 6.3mg	

第五章
補腦益智食物
TOP 20，吃好變聰明

大腦發育需要很多營養供給，這些營養大部分來自食物，而哪些食物可以讓人的大腦更聰明呢？

以下20種食物，含有豐富的營養物質，強健身體的同時，還有補腦益智的作用，很適合青少年和需要補腦者食用。

前 20名
補腦益智食物排行榜

食物名稱	上榜原因	食用功效	主要營養成分
核桃	■核桃含有大量的不飽和脂肪酸，是改善和修復腦細胞的重要物質。因此，核桃對於營養大腦、增強記憶力有很好效果。	滋補肝腎、烏髮美容、強健筋骨。	脂肪、維他命B3、蛋白質、維他命。
黃豆	■黃豆含有膽鹼，對神經傳遞物質的合成起着很重要作用。	健脾利濕、益血補虛、解毒、活化腦力。	卵磷脂、鎂、色氨酸、維他命E、維他命B3、鈣、鋅。
銀耳	■銀耳含有豐富的不飽和脂肪酸，不飽和脂肪酸對人體的大腦發育完善起着促進作用。	滋陰潤肺、補脾開胃、補腦提神。	脂肪、維他命A、維他命E、鋅、鈣、鉀。
黃豆芽	■黃豆芽含有豐富的蛋白質，蛋白質是促進腦部發育活動的重要物質，對於補腦益智起着重要作用。	滋陰清熱、利尿解毒、補腦健腦。	脂肪、蛋白質、維他命A、維他命C、維他命B3、鐵。
黑木耳	■黑木耳含有豐富的卵磷脂，它能不斷地修復大腦，增加神經元，是改善腦細胞的重要物質。	養肝護膚、強化骨骼、補腦益智。	脂肪、蛋白質、維他命A、維他命E、鈣、鐵。
蘆筍	■蘆筍含有豐富的葉酸，大約5根蘆筍就含有100μg，葉酸對於人腦的正常發育，起着非常重要作用。	清熱解毒、養神補腦、養血補血。	維他命C、維他命A、蛋白質、胡蘿蔔素、維他命B3。
大蒜	■大蒜含有人體所需要的9種氨基酸，這些氨基酸能幫助大腦傳遞信號。	殺菌消毒、預防感冒、降低血糖、抗衰老。	維他命C、維他命B6、鋅、葉酸、硒、鈣。
桃子	■桃子含有豐富的維他命C，是參與糖類轉化能量的重要物質，對於增強記憶力、增加腦部活力有重要作用。	補益氣血、養陰生津、潤燥活血。	碳水化合物、脂肪、維他命、維他命B3、胡蘿蔔素。

桂圓	■桂圓含有豐富的蛋白質，為大腦活動提供神經傳導物質，激發腦部活力。	補血安神、健腦益智、健脾養胃。	蛋白質、維他命A、維他命C、胡蘿蔔素、維他命B_3。
櫻桃	■櫻桃含有蛋白質，對於大腦的正常工作起着重要的作用。	調氣活血、平肝去熱、補中益氣。	脂肪、蛋白質、維他命A、維他命E、維他命B_3、鈣。
葵花子	■葵花子含有豐富的B族維他命和礦物質如鈣、磷、鐵等，它們有補腦健腦的作用。	補虛損、降血脂、治療失眠、增強記憶。	蛋白質、維他命B_1、維他命E、脂肪、鈣、鐵、葉酸。
鵪鶉	■鵪鶉肉富含卵磷脂和腦磷脂，是高級神經活動不可缺少的營養物質。	補五臟、益精血、止瀉痢、溫腎助陽。	脂肪、鈣、蛋白質、維他命B_3、維他命A、維他命E。
豬肝	■豬肝含有豐富的微量元素，有利於避免大腦的記憶力衰退等症狀。	補肝明目、養血補血、有助於智力發育。	脂肪、維他命B_3、蛋白質、維他命C、鐵、鋅、硒。
兔肉	■兔肉含有豐富的卵磷脂，是神經組織和腦脊髓的主要成分，對於健腦益智有很重要的功效。	補中益氣、清熱涼血、健脾止渴。	脂肪、鈣、蛋白質、鐵、磷、核黃素。
沙丁魚	■沙丁魚含有豐富的DHA。DHA能促使腦神經的生長和修復。	健脾養胃、補虛健腦、抗老防癌。	脂肪、蛋白質、維他命E、核黃素、維他命B_3、鈣。
鱸魚	■鱸魚含有的DHA在肌肉脂肪中位於首位，能促使腦神經不斷增長。	補五臟、益筋骨、和腸胃、治水氣。	脂肪、蛋白質、維他命A、維他命E、維他命B_3、鈣。
鱔魚	■鱔魚含有的豐富DHA和卵磷脂，是構成人體各器官組織細胞膜的主要成分。	補氣養血、補肝脾、強筋骨、祛風通絡。	脂肪、鐵、蛋白質、維他命、維他命B_3、磷、鈣。
鯧魚	■鯧魚含有維他命B_1、維他命B_2和葉酸等B族維他命，對於大腦和神經系統正常運作起着重要作用。	健脾開胃、安神止痢、益氣填精。	脂肪、鋅、蛋白質、維他命E、維他命B_3、鈣、鐵。
黑豆	■黑豆含有豐富的脂肪酸，其中的不飽和脂肪酸對大腦的生長發育發揮着重要的作用。	活血、利水、祛風、清熱解毒、補腎養血。	脂肪、鎂、蛋白質、纖維素、維他命E、維他命B_3。
黑米	■黑米含有大量的鎂，鎂對於維持正常的神經功能和肌肉放鬆發揮着重要的作用。	滋陰潤肺、補腎養心、滋補脾胃。	脂肪、鎂、蛋白質、維他命E、核黃素、維他命B_3。

核桃

1 補腦益智

滋陰補腎、補腦益智

■ **別稱**
胡桃、羌桃

■ **性味**
性溫，味甘

■ **食用功效**
強健筋骨、健腦益智

✓ **適宜人士：**一般人均可

✗ **不適宜人士：**腹瀉、陰虛火旺、痰濕內熱者

✦ 核桃的補腦益智成分

1 蛋白質

核桃含有豐富的蛋白質，每100g核桃含蛋白質約14.9g。裏面的酪氨酸和色氨酸是幫助大腦傳遞信號的神經傳導的重要物質。多吃核桃有助於提神醒腦，提高專注力。

2 不飽和脂肪酸

核桃含有大量的不飽和脂肪酸，是改善和修復腦細胞的重要物質。因此，核桃是很好的健腦益智食品，對於營養大腦、增強記憶力有很好的效果。

3 B族維他命

核桃富含維他命B_1、維他命B_2、維他命B_6和維他命B_3，這些是人體新陳代謝所需的重要物質，也是改善大腦機能的重要物質。對於提高人體記憶力、思維判斷能力、自制力起着很重要的作用。

4 維他命C和維他命E

核桃中含有豐富的維他命C和維他命E，是健腦和維持大腦工作的重要物質。維他命E也是一種抗氧化劑，可以延緩大腦衰老，對於記憶力下降和認知障礙症等有很好的預防作用。

✓ 核桃的食用宜忌

✓ 一般人士皆可食用。

✓ 營養不良者宜食。

✓ 心血管疾病患者宜食。

✗ 一次食用核桃不宜過多。

✗ 痰濕內熱者盡量少食。

✗ 陰虛火旺者宜少食。

選購技巧：選購核桃時，要選擇大小均勻、殼皮薄、仁飽滿的核桃。

儲存竅門：核桃在儲存的過程中，很容易生黴、生蟲或者油脂氧化。因此，儲存核桃的時候，最好放在通風、陰涼、背光的房內。如果核桃很多，需要用麻袋或者木箱保存。

➕ 核桃的搭配宜忌

 + = **轉變能量** ✓

　　核桃中含有豐富的B族維他命；大米中含有豐富的澱粉。兩者搭配食用，核桃中的B族維他命會幫助澱粉轉化為葡萄糖，進而成為身體需要的能量。

 + = **健腦補腎** ✓

　　核桃營養豐富，含有人體所需要的大量營養物質；牛奶含有豐富的氨基酸和鈣質，和核桃搭配食用，有順氣補血、止咳化痰、健腦補腎、強筋壯骨的功效。

 + = **美肌養顏** ✓

　　核桃中含有豐富的維他命E；南瓜中含有豐富的B族維他命。兩者搭配食用，不但有助於消除疲勞、美肌養顏，還有利於預防動脈硬化等疾病。

 + = **刺激胃黏膜** ✗

　　核桃中含有豐富的鐵元素，而茶葉中含有單寧酸，兩者搭配食用，會使單寧酸與鐵元素反應，不但刺激胃黏膜，還會造成鐵質營養元素的流失。

🍴 核桃的營養吃法

核桃香蕉豆漿

材料：

核桃60g，黃豆70g，香蕉1根，白糖適量。

做法：

核桃去殼取仁；黃豆洗淨，提前泡發，香蕉去皮切斷備用；將核桃仁、黃豆、香蕉放在豆漿機中，加入適量的清水；然後榨成豆漿，喜歡吃甜食者濾渣後加入適量的白糖或者蜂蜜，攪拌均勻後即可飲用。

功效：

強健筋骨、健腦益智。

核桃的營養元素表(每100g)

★ 脂肪 58.5g	★ 維他命C 1mg
★ 蛋白質 14.9g	★ 維他命E 44mg
★ 維他命A 5μg	★ 維他命B₃ 0.9mg

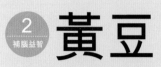

黃豆

2 補腦益智

健腦益智、健脾利濕

- **別稱**
  黃大豆、大豆
- **性味**
  性平，味甘
- **食用功效**
  益血補虛、解毒、活化腦力、抗衰老

✓ **適宜人士**：一般人均可

✗ **不適宜人士**：痛風患者以及消化不良者等

✦ 黃豆的補腦益智成分

1 優質蛋白質

黃豆的蛋白質含量高、質量優。蛋白質含量高達35％~40％，是瘦豬肉的2倍、雞蛋的3倍、牛奶的2倍。黃豆的蛋白質中含有人體所需要的8種氨基酸。這些氨基酸也是神經傳導信息的重要傳導物質。

2 卵磷脂

黃豆中含有豐富的卵磷脂，是大腦和神經組織的重要成分。裏面含有的膽鹼，對神經傳遞物質的合成起着很重要的作用，有增強神經細胞功能的重要作用。

3 B族維他命

黃豆中含有豐富的B族維他命，能夠促進大腦和神經產生能量。其中的維他命B_1對於穩定神經細胞、安定情緒起着重要的作用。

4 微量元素和礦物質

黃豆中還含有豐富的鈣、鐵、鋅、鎂等物質，鈣對於穩定神經系統、鬆弛神經有很重要的作用。鎂與神經傳導、肌肉收縮有關，對維持神經系統正常運作起着很重要的作用。

✓ 黃豆的食用宜忌

✓ 一般人士皆可食用。

✓ 黃豆是更年期女性、糖尿病、心血管病患者的理想食品。

✗ 黃豆製品必需加工熟透，否則會引起噁心、嘔吐等症狀，嚴重時甚至會危及生命。

✗ 患有肝病、腎病、痛風、消化性潰瘍、動脈硬化、低碘者和對黃豆過敏者禁食。

✗ 消化不良、有慢性消化道疾病的人應盡量少食黃豆製品。

選購技巧：選購黃豆的時候，要選擇顆粒大而飽滿、顏色為金黃色的黃豆，這樣的比較新鮮。

儲存竅門：黃豆儲存的時候，應放在陰涼、乾燥的地方。為避免黃豆返潮、發黴，可以在黃豆中放上乾燥劑。對於煮熟的黃豆，盡量避免放置太長時間，最好現煮現食。

 = 強健骨骼 ✓

黃豆裏面含有豐富的鈣質，香菇含有豐富的維他命D，兩者搭配使用，香菇中的維他命D能促進人體對鈣質的吸收，有利於強健骨骼、預防骨質疏鬆。

 = 降低營養 ✗

黃豆的膳食纖維中含有醛糖酸殘基，豬肝中含有豐富的鐵質，兩者搭配食用，會使醛糖酸殘基和鐵質發生反應，影響人體對鐵質的吸收，從而造成營養物質的流失。

 = 美容養顏 ✓

黃豆中含有維他命E和B族維他命，糙米中也含有這兩種營養物質。兩者搭配使用，有利於維他命E的吸收，有美容養顏、消除疲勞的作用。

 = 滯氣 ✗

黃豆中含有豐富的膳食纖維，裏面含有醛糖酸殘基，容易與豬紅中的鐵質發生反應，影響人體對鐵質的吸收，造成營養的流失。另外，黃豆和豬血一起同食，也容易使人滯氣。所以，應避免搭配食用。

黃豆的營養吃法

黃豆炒百合

材料：

泡發的黃豆一碗，百合300g，蒜2頭，薑2片，食用油適量。

做法：

燒開一鍋水，將百合放在開水焯一下，薑、蒜切碎末，將適量的油倒入鍋中，放入薑蒜爆香；將黃豆、百合倒入鍋中翻炒至熟，即可食用。

功效：

健脾利濕、益血補虛。

黃豆的營養元素表(每100g)	
★ 碳水化合物 34.2g	★ 維他命B$_3$ 2.1mg
★ 卵磷脂 1480mg	★ 鈣 191mg
★ 色氨酸 455mg	★ 鎂 199mg
★ 維他命E 18.9mg	★ 鋅 3.4mg

第五章 補腦益智食物 Top 20，吃好變聰明

3
補腦益智

銀耳

滋陰潤肺、健腦益智

- ■ 別稱
  雪耳、
  白木耳、
  銀耳子

- ■ 食用功效
  補腦提神

- ■ 性味
  性平，味甘

✓ **適宜人士**：一般人均可

✗ **不適宜人士**：外感風寒者

✦ 銀耳的補腦益智成分

1 不飽和脂肪酸

銀耳含有豐富的不飽和脂肪酸，不飽和脂肪酸對人體的大腦發育完善起着促進作用，有利於健腦益智。因此，食用銀耳，有很好的補腦作用，很適合青少年和老人食用。

2 鉀

銀耳含有豐富的鉀，鉀有助於人體的新陳代謝，維持人體細胞含水量的平衡。另外，它還有助於提升人體活力，起到健腦益智的作用。因此，應該在孩童的飲食中多補充一些鉀元素。

3 鋅

銀耳含有大量的鋅，鋅對兒童大腦發育起着重要的作用。這是因為鋅是促進兒童成長發育的重要物質，如果缺少鋅，會造成食慾減退、發育遲緩，影響大腦發育。如要補腦，食物中不可缺鋅。

＋ 銀耳的營養搭配

＝ 潤肺養胃 ✓

銀耳含有豐富的維他命E和膳食纖維，有美容減肥的功效；蓮子也有滋陰潤肺的功效。兩者搭配，有減肥祛斑的作用，很適合愛美減肥的女士食用。

＝ 滋陰潤肺 ✓

銀耳和冰糖搭配食用，有滋陰潤肺，生津止渴的功效。可以治療秋冬時節的燥咳，還可以作為體質虛弱者的滋補之品。

銀耳的營養元素表(每100g)

★ 脂肪 1.4g
★ 維他命A 8μg
★ 維他命E 1.26mg
★ 鋅 3.3mg
★ 鈣 36mg
★ 鉀 588mg

黃豆芽

4 補腦益智

清熱解毒、促腦發育

✓ 適宜人士：一般人均可
✗ 不適宜人士：體質虛寒、腹瀉者

■ 別稱
金鈎、
大豆芽

■ 性味
性平，味甘

■ 食用功效
利尿解毒、
補腦健腦

✦ 黃豆芽的補腦益智成分

1 脂肪

　　黃豆芽每100g含脂肪1.6g，這些脂肪可以幫助腦部的發育，促進腦部健全發展。

2 維他命

　　黃豆含有豐富的維他命，分別有維他命C、B族維他命、維他命A和維他命E，能促進腦部發育，增加大腦的敏銳性和活力。

3 鈣和糖

　　黃豆芽含有大量的鈣，還含有一定的糖。鈣可以保證大腦高效地工作，糖類為大腦工作提供足夠的能量。兩者對於大腦的發育和強健起着重要的作用。

4 蛋白質

　　黃豆芽含有豐富的蛋白質，每100g黃豆中含蛋白質4.5g，蛋白質對於補腦益智起着重要的作用。

➕ 黃豆芽的營養搭配

　　黃豆芽有清熱利尿、補腦健腦的作用；豆腐有潤腸清便、強健人體的作用。兩者搭配食用，營養又美味，有利於健脾開胃、清熱解毒、補腦益智。

黃豆芽 + 鯽魚 = 通乳補虛 ✓

　　黃豆芽有清熱解毒的作用，和肉質鮮美、營養豐富的鯽魚搭配，具有通乳補虛、除濕利水、溫胃進食之功效。

黃豆芽的營養元素表(每100g)

★ 脂肪 1.6g
★ 蛋白質 4.5g
★ 維他命A 5μg
★ 維他命C 8mg
★ 維他命B₃ 0.6mg
★ 鐵 0.9mg

第五章 補腦益智食物 Top 20，吃好變聰明

5
補腦益智

黑木耳

健腦益智、強化骨骼

- **別稱**
  雲耳、木菌

- **性味**
  性平，味甘

- **食用功效**
  增強免疫力、健腦益智

✓ **適宜人士**：一般人均可，尤其便秘、貧血者

✗ **不適宜人士**：體虛、易腹瀉者

黑木耳的補腦益智成分

1 卵磷脂

黑木耳含有豐富的卵磷脂，它能不斷地修復大腦，是改善腦細胞的重要物質，對於補腦益智起着重要的作用。

2 維他命E

黑木耳含有大量的維他命E，每100g含維他命E 11.3mg，它是一種很好的抗氧化劑，能夠阻止大腦功能的衰退。

3 氨基酸和蛋白質

黑木耳含有豐富的氨基酸和蛋白質，每100g黑木耳中蛋白質的含量達到12.1g。這些物質有助於大腦正常地工作。

4 維他命A、胡蘿蔔素和礦物質

黑木耳不僅含有豐富的維他命A和胡蘿蔔素，還含有大量的礦物質，這些物質能夠幫助大腦更好地工作，避免出現學習和記憶障礙。

黑木耳的搭配宜忌

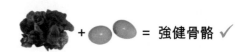

黑木耳 + 雞蛋 = 強健骨骼 ✓

黑木耳和雞蛋都含有豐富的鈣、磷、鐵等物質，兩者搭配食用，有助於骨骼、牙齒的強健，很適合骨質疏鬆和牙齒鬆動者食用。

黑木耳 + 菠蘿 = 腹脹腹痛 ✗

黑木耳中含有豐富的鈣；菠蘿中含有大量的鞣酸。兩種物質放在一起食用，鈣和鞣酸會發生反應，形成人體不易消化的鞣酸鈣，造成人體腹脹或者嘔吐。

黑木耳的營養元素表(每100g)

★ 脂肪 1.5g	★ 維他命E 11.3mg
★ 蛋白質 12.1g	★ 鈣 247mg
★ 維他命A 17μg	★ 鐵 98mg

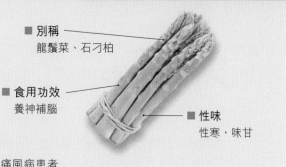

6
補腦益智

蘆筍

清熱解毒、補腦提神

■ 別稱
龍鬚菜、石刁柏

■ 食用功效
養神補腦

■ 性味
性寒，味甘

✓ 適宜人士：一般人均可

✗ 不適宜人士：糖尿病、痛風病患者

✦ 蘆筍的補腦益智成分

1 葉酸

蘆筍含有豐富的葉酸，大約每5根蘆筍就含有100多μg，葉酸對於人腦的正常發育，起着非常重要的作用。現在很多女性懷孕前及孕期都會補充葉酸，目的就是為了嬰兒大腦的正常發育。

2 維他命和胡蘿蔔素

蘆筍含有豐富的維他命A、維他命C和B族維他命，另外還含有很多蔬菜中沒有的胡蘿蔔素，這些營養物質，對於補充大腦營養有很重要的作用，是大腦發育和完善的重要物質。

3 礦物質和微量元素

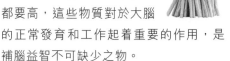

蘆筍不僅含有鈣、磷、鐵等礦物質，還含有較多的硒、鉬、鎂、錳等微量元素，並且其含量比一般蔬菜都要高，這些物質對於大腦的正常發育和工作起着重要的作用，是補腦益智不可缺少之物。

✚ 蘆筍的營養搭配

+ = **補血養顏** ✓

蘆筍中含有豐富的鐵質和葉酸，豬肝中也富含這兩種營養物質，兩者搭配食用，有利於鐵質和葉酸的吸收，能夠起到補血養顏的效果。對於改善皮膚乾燥、黯淡等狀況也有很好的作用。

+ = **提高營養** ✓

蘆筍營養豐富，有清熱解毒、補腦提神的作用，和有補腎益氣作用的豬肉搭配，能提高維他命的吸收率，從而有利於提高營養。

蘆筍的營養元素表(每100g)

★ 蛋白質 1.4g　　　　★ 維他命B₃ 0.7mg
★ 維他命A 17μg　　★ 鈣 10mg
★ 維他命C 45mg　　　★ 磷 213mg
★ 胡蘿蔔素 100μg

7
補腦益智

大蒜

殺菌解毒、健腦延年

■ 別稱
蒜頭、獨蒜

■ 性味
性溫，味辛

■ 食用功效
預防感冒、抗衰老、
降低血糖等

✓ **適宜人士**：胃酸少者以及結核病、癌症患者等
✗ **不適宜人士**：陰虛火旺者以及胃炎、肝病患者等

✦ 大蒜的補腦益智成分

1 氨基酸

大蒜含有人體所需要的9種氨基酸，這些氨基酸滿足人體需要的同時，還能幫助大腦傳遞信號，對於維持大腦的正常工作起着很重要的作用。

2 硒和維他命E

大蒜含有豐富的維他命E，還含有稀有的硒元素，這些物質都是很好的抗氧化劑，能夠防止大腦進入老化，有效預防記憶力下降和認知障礙症等。

3 蒜素

大蒜含有豐富的蒜素，會促進維他命B_1的吸收，增強維他命B_1的作用。而維他命B_1則是葡萄糖轉化為腦能量的重要物質，對於健腦益智起着很重要的作用。

4 維他命和礦物質

大蒜含有豐富的維他命C、B族維他命以及鈣、磷、鐵等礦物質，這些營養物質，對於大腦的發育完善和正常工作，起着很重要的作用，有助於健腦益智。

✓ 大蒜的搭配宜忌

✓ 大蒜有降低血糖、血壓、殺菌消毒的作用；秀珍菇有降血壓，強健筋骨的作用。兩者搭配食用，有降血壓、防癌治癌的作用，很適合高血壓、癌症患者食用。

✗ 大蒜性溫，味辛，是易上火食物，避免與溫補之物搭配食用，更易引起人體上火。肝火旺盛之人，應避免食用。

大蒜的營養元素表(每100g)

★ 維他命C 7mg
★ 維他命B_6 1.5mg
★ 硒 3.1μg
★ 葉酸 92μg
★ 鈣 39mg

8 補腦益智

桃子
補血健腦、養陰潤燥

- **別稱**
  壽桃、仙桃

- **性味**
  性溫，味甘、酸

- **食用功效**
  潤燥活血、健腦益智

✓ **適宜人士**：一般人均可
✗ **不適宜人士**：肝火旺盛、長痔瘡者以及糖尿病患者

✦ 桃子的補腦益智成分

1 維他命C

桃子含有豐富的維他命C，每100g桃子中含維他命C 7mg。維他命C是促進神經傳遞物質合成的重要物質，對於增強記憶力、增加腦部活力有重要的作用。

2 B族維他命

桃子含有豐富的B族維他命，維他命B_1、維他命B_2等是改善大腦機能的重要物質，而維他命B_1對思維判斷能力、記憶力和認知能力起着重要作用，維他命B_2參與大腦中樞神經的功能發揮，缺乏這元素會導致記憶力下降。

3 鋅

桃子含有豐富的鋅，每100g桃子中含鋅量達0.8mg。鋅是腦組織生長發育和組織再生的重要物質。

4 維他命E

桃子營養豐富而全面，除了含有其他營養元素外，還含有維他命E，維他命E是一種抗氧化劑，可以預防腦細胞出現老化，從而避免人體記憶力下降，對認知障礙症也有一定的預防和延緩作用。

✓ 桃子的食用宜忌

✓ 高血壓患者宜食用。
✓ 肺病的人宜吃。

✗ 未成熟的桃子、爛的桃子慎吃。
✗ 糖尿病患者應少食。
✗ 胃腸功能不良的人及老人、小孩不宜多吃。
✗ 妊娠婦女慎用桃仁。

• **選購技巧**：選購桃子時，最好選擇體形大、外表沒有損傷和蟲蛀的桃子。

• **儲存竅門**：桃子最好現食現買，冰箱儲存桃子會影響桃子的美味。因此，盡量避免冰箱儲存桃子。如果需要儲存，可以用紙袋包裹放在陰涼處。

➕ 桃子的搭配宜忌

 + = 補血養顏 ✔

桃子富含鐵質，有補血養顏的作用，很適合小孩和孕婦補血食用；牛奶中含有豐富的鈣質和其他營養元素。兩者搭配食用，不僅營養豐富，還是夏季清涼的飲品。

 + = 強身健體 ✔

桃子有補血養顏、滋陰生津的功效；紅蘿蔔有清肝明目、強身健體的作用。兩者搭配食用，強身健體的同時，還有助於美容養顏，很適合愛美的女士食用。

 + = 不宜 ✘

桃子是易上火之物，燒酒也是溫熱助火之物，兩者搭配食用，容易使人上火。因此，應盡量避免將桃子和燒酒放在一起食用。

 + = 肝火旺盛 ✘

桃子性溫，味甘酸，是易上火之物，不宜多食；甲魚血性溫，味鹹，是溫熱滋補之物。兩者放在一起食用，易使人肝火旺盛。

🍴 桃子的營養吃法

桃子蜂蜜汁

材料：

桃子3個，純淨水、蜂蜜適量。

做法：

將桃子洗淨，去核切成小塊；然後將切成小塊的桃子放入榨汁機中，加入適量的純淨水榨成汁，最後濾出桃汁加入蜂蜜攪拌均勻即可。如果是冬天，也可以將桃子和純淨水放入豆漿機中榨成熱果汁飲用。

功效：

補益氣血、養陰生津、潤燥活血。

桃子的營養元素表(每100g)

★ 碳水化合物 12.2g
★ 脂肪 0.1g
★ 維他命A 3μg
★ 維他命C 7mg
★ 維他命E 1.5μg
★ 胡蘿蔔素 20μg
★ 維他命B₃ 0.7mg

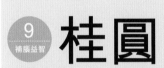

9
補腦益智

桂圓

補血安神、健腦益智

✓ 適宜人士：一般人均可
✗ 不適宜人士：上火發炎者、孕婦

■ 別稱
龍眼、益智、
驪珠

■ 性味
性溫，味甘

■ 食用功效
健腦益智、健脾養胃

桂圓的補腦益智成分

1 維他命

桂圓的維他命A、維他命C和B族維他命，對維持大腦正常工作起着重要的作用，具有養血安神、駐顏抗衰的作用，在健腦益智的同時，還可以預防記憶力下降和認知障礙症。

2 蛋白質

桂圓含有豐富的蛋白質，為大腦活動提供神經傳導物質，激發腦部活力，發育期的孩子食用桂圓，有助於促進大腦的發育。

3 糖類

桂圓含有豐富的糖類，這些糖類為腦部活動提供能量，是腦部活動不可缺少的營養元素。

4 鈣、磷、鐵、鎂、鋅等

桂圓含有鈣、磷、鐵、鎂、鋅等多種礦物質和營養元素，這些物質都有補腦健腦作用。經常食用桂圓，不僅可以使皮膚細膩、光滑紅潤，還可以使記憶力增強、頭腦反應靈敏。

✓ 桂圓的食用宜忌

✓ 一般人均可食用。
✓ 身體虛弱、記憶力下降、頭暈目眩者宜食。
✓ 女性最宜食用桂圓。
✓ 新鮮的桂圓最有營養，購買時，最好選擇新鮮的。

✗ 桂圓不宜多食，否則容易引起滯氣。
✗ 變味的桂圓含有毒素，不宜食用。
✗ 有上火發炎症狀時不宜食用。

選購技巧：選購桂圓時，最好選擇果肉透明無薄膜的桂圓，這樣的桂圓不易變壞。

儲存竅門：桂圓含有豐富的水分，放置太長時間，水分很容易流失。所以，為了食用新鮮，桂圓最好現買現食。食用變味桂圓之後，會對健康造成影響，盡量避免食用。

桂圓的搭配宜忌

 + = 補脾養胃 ✓

桂圓含有多種營養物質，大米的營養也很豐富，兩者搭配熬粥，有健腦益智、補脾養胃、養血安神的作用，很適合貧血的患者滋補身體食用。

 + = 肝火旺盛 ✗

桂圓性溫，味甘，是溫補之物；大蒜性溫，味辛，也是助火之物。兩者搭配食用，很容易引起肝火旺盛。因此，肝火旺盛者，應避免將大蒜和桂圓放在一起食用。

 + = 補血安神 ✓

桂圓有養血安神的作用；紅棗是補血養血之物。兩者搭配食用，能為人體提供豐富的養分，還對閉經、月經量過少有一定的治療作用，很適合閉經的女士食用。

+ = 引起上火 ✗

桂圓性溫，味甘，是助火之物；辣椒性溫，也是易上火之物。兩者放在一起食用，很容易引起人體上火。肝火旺盛者，應避免將桂圓和辣椒放在一起食用。

桂圓的營養吃法

桂圓奶汁

材料：

桂圓5顆，牛奶100毫升。

做法：

將桂圓洗淨後，去皮取出果肉備用。然後將桂圓肉和牛奶放在榨汁機中，加入適量的純淨水，然後榨製成汁。濾渣後即可飲用，喜歡吃甜食者，也可以加入適量的蜂蜜或者冰糖來入味。

功效：

補血安神、健腦益智。

桂圓的營養元素表(每100g)	
★ 蛋白質 1.2g	★ 胡蘿蔔素 20μg
★ 維他命A 3μg	★ 維他命B₃ 1.3mg
★ 維他命C 43mg	★ 鈣 6mg

10 補腦益智 櫻桃

調氣活血、補腦提神

- **別稱**
  鶯桃、含桃、荊桃

- **食用功效**
  安神補腦

- **性味**
  性溫，味甘

✓ **適宜人士**：一般人均可，尤其消化不良、面色黯淡者
✗ **不適宜人士**：上火、潰瘍者以及糖尿病患者

✦ 櫻桃的補腦益智成分

1 蛋白質

櫻桃含有豐富的蛋白質，是幫助大腦補充營養的物質，對於大腦的正常工作起着重要的作用。

2 維他命

櫻桃含有豐富的維他命，如維他命A、B族維他命、維他命C及維他命E等，這些維他命是神經、大腦工作的重要物質，維他命E還可以預防大腦老化，對於提高記憶力有着重要的作用。

3 微量元素

櫻桃含有鋅、錳、鉀等微量元素，其中鉀的含量極其豐富，每100g櫻桃中含鉀量達232mg。這些微量元素對於大腦的發育和工作起着很重要的作用。

4 礦物質

櫻桃含有豐富的礦物質，分別含有鈣、磷、鐵、鎂、鈉等多種礦物質，這些物質為大腦工作提供養分，對於大腦的活動和正常發育也起着重要的作用。

＋ 櫻桃的營養搭配

櫻桃 ＋ 馬鈴薯 ＝ **補血養顏** ✓

櫻桃有補血養顏、安神補腦的作用；馬鈴薯含有大量的澱粉和蛋白質，能夠滿足人體活動的需要。兩者搭配食用，能夠增強細胞的活性，延緩皮膚的衰老，對於愛美的女士是個不錯的選擇。

櫻桃 ＋ 米酒 ＝ **活血止痛** ✓

櫻桃和米酒搭配製作的米酒湯，具有祛風濕、活血止痛的功效。適用於風濕腰腿疼痛，屈伸不利及凍瘡等病症。

櫻桃的營養元素表(每100g)

★ 脂肪 0.2g	★ 維他命B₃ 0.6g
★ 蛋白質 1.1g	★ 鈣 11mg
★ 維他命A 35g	★ 鉀 232mg
★ 維他命E 2.3g	

第五章 ---- 補腦益智食物 Top 20，吃好變聰明

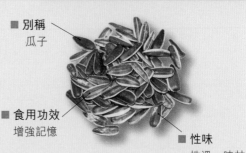

11
補腦益智

葵花子

補腦益智、美容養顏

■ 別稱
瓜子

■ 食用功效
增強記憶

■ 性味
性溫，味甘

✓ 適宜人士：一般人均可
✗ 不適宜人士：上火者以及肝病患者等

✦ 葵花子的補腦益智成分

1 維他命E

葵花子維他命E的含量特別豐富，每天吃一把葵花子，就能滿足人體一天所需的維他命E。維他命E是很好的抗氧化劑，能促進生殖器官機能，也是大腦正常活動的重要物質，還可以預防大腦老化，對於預防記憶力下降、認知障礙症等有很好的療效作用。

2 不飽和脂肪酸

葵花子含有豐富的脂肪，每100g含脂肪49.9g，其中主要為不飽和脂肪酸，是完善和促進大腦工作的重要物質，對於腦細胞有很好的修復作用。因此，葵花子是補腦益智的上好食物，應適量多食。

3 葉酸

葵花子含有豐富的B族維他命和礦物質鈣、磷、鐵等，這些營養元素具補腦健腦作用，促進大腦思維敏捷，增強大腦的記憶力。葉酸有促進骨髓中幼細胞成熟的作用，缺乏葉酸可能引起巨紅血球性貧血，孕婦應多食。

✚ 葵花子的營養搭配

 + = **降血脂** ✓

葵花子有降血脂、補虛損的作用；芹菜有降血壓、潤腸通便的功能。兩者搭配食用，有降壓、排毒養顏的作用，很適合高血壓和愛美的人士食用。

 + = **補腦益智** ✓

葵花籽富含不飽和脂肪酸，是補腦益智的上好食物，豆漿也有很好的補腦作用。兩者搭配，很適合經常用腦者食用。

葵花子的營養元素表(每100g)

★ 蛋白質 23.9g
★ 脂肪 49.9g
★ 鈣 72mg
★ 鐵 5.7mg
★ 維他命E 35mg

★ B族維他命 10.3mg
★ 葉酸 280mg

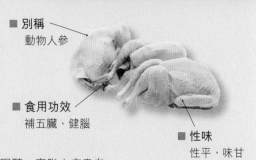

12 補腦益智 鵪鶉肉

健腦益智、溫腎助陽

- ✓ 適宜人士：一般人均可
- ✗ 不適宜人士：老年人以及高膽固醇、高脂血症患者

■ 別稱
動物人參

■ 食用功效
補五臟、健腦

■ 性味
性平，味甘

✦ 鵪鶉肉的補腦益智成分

1 脂肪

鵪鶉肉含有豐富的脂肪，其中富含卵磷脂和腦磷脂，是神經活動不可缺少的營養物質，具有健腦的功效，有使大腦聰明、反應敏捷、不易疲勞的作用。很適合青少年和兒童及大量用腦的人滋補所用。

2 蛋白質

鵪鶉肉含有大量的蛋白質，每100g鵪鶉肉含蛋白質約20.2g，這些蛋白質對腦部正常工作和活動發揮着重要的作用。因此，鵪鶉肉也成為補腦益智的重要補品。

3 維他命E

鵪鶉肉中也含有豐富的維他命E。維他命E是一種很強的抗氧化劑，能夠預防不飽和脂肪酸和磷脂被氧化，延緩腦部的老化，增強記憶力，預防認知障礙症。

＋ 鵪鶉肉的營養搭配

 ＝ 溫腎壯陽 ✓

鵪鶉肉含有豐富的營養物質，有益精血、溫腎壯陽的功效；山藥有益腎強陰、滋陰壯陽的作用。兩者搭配食用，對於腎虛、腰膝痠軟等症有很好的療效。

 ＝ 滋補身體 ✓

鵪鶉肉營養豐富，適宜於營養不良、體虛乏力等症，紅棗有補血補虛的功效。兩者搭配，很適合體虛者滋補身體食用。

鵪鶉肉的營養元素表(每100g)

- ★ 脂肪 3.1g
- ★ 蛋白質 20.2g
- ★ 維他命A 40μg
- ★ 維他命E 0.44mg
- ★ 維他命B₃ 6.3mg
- ★ 鈣 48mg

第五章 ---- 補腦益智食物 Top 20，吃好變聰明

171

13
補腦益智
豬肝

補肝明目、健脾益智

- 別稱
  豬膶
- 性味
  性溫，味甘苦

- 食用功效
  養血補血、
  有助於智力發育

✓ **適宜人士**：一般人均可

✗ **不適宜人士**：高血壓、冠心病、高血脂者等

◆ 豬肝的補腦益智成分

1 蛋白質

豬肝富含蛋白質，每100g豬肝中含蛋白質約19.3g，蛋白質對於腦細胞的新陳代謝起着很重要的作用，可以預防人腦記憶力下降。因此，豬肝是補腦的上好食物。

2 卵磷脂

豬肝富含脂肪，其中的卵磷脂是腦神經和腦脊髓組織的重要組成物質，及時補充卵磷脂，可以使大腦反應敏捷、記憶力增強、不易疲勞。

3 微量元素

豬肝含有豐富的微量元素，特別是含有豐富的鐵，可以滿足腦部的血供應，避免腦部因為供血不足，出現大腦記憶力衰退的症狀。

4 抗氧化劑

豬肝含有維他命E、維他命C和硒等大量營養物質，這些物質都是很好的抗氧化劑，可以預防卵磷脂和不飽和脂肪酸氧化引起的記憶力下降，對於認知障礙症等腦部疾病也有很好的預防作用。

✓ 豬肝的食用宜忌

✓ 一般人士皆可食用。

✓ 貧血和經常面對電腦工作者宜常食豬肝。

✓ 豬肝可與菠菜同食，可治療貧血。

✗ 豬肝烹調時間不能太短，可急火炒至肝完全變成灰褐色，看不到血絲為好。

✗ 動物肝中膽固醇含量高，因此高膽固醇血症、肝病、高血壓和冠心病患者不宜吃。

✗ 動物肝不宜與維他命C同食，因此吃豬肝後不要立即吃水果。

選購技巧：選購豬肝，應選擇外表顏色紫紅均勻、表面有光澤的，這樣的豬肝一般比較新鮮。

儲存竅門：豬肝最好現吃現買，盡量不要儲存太長時間。如果吃不完，可以用水煮熟放涼後，用盤子盛放，然後放在冰箱的冷藏室內。需要吃的時候，再拿出來煮熱食用。

✚ 豬肝的搭配宜忌

 + = 補血明目 ✓

　　豬肝性溫，味甘，有補血健脾、清肝明目的作用；枸杞有補中益氣的作用。兩者搭配食用，能夠促進鐵質的吸收，有利於補血明目。在日常生活中，貧血或者視力模糊者應多食用。

 + = 清肝明目 ✓

　　豬肝有補血明目的作用；菊花有清熱解毒、清肝明目的作用。兩者搭配食用，對於視力模糊、頭暈目眩、眼睛乾澀、夜盲症、青光眼等症有一定的食療作用。

 + = 防癌抗癌 ✓

　　豬肝含有維他命C、硒等多種抗癌物質，苦瓜也有一定的防癌功效。兩者搭配食用，不僅有清熱解毒的功效，還能起到防癌抗癌的效果。

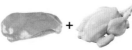 = 影響健康 ✗

　　豬肝性溫，味甘、苦；雞肉性寒味酸。兩者性味不同，功效也不一樣，搭配食用，不利於身體健康，嚴重者還會引發不良反應，在日常生活中要注意飲食的搭配，合理飲食，養出健康身體。

🍴 豬肝的營養吃法

小葱爆豬肝

材料：

豬肝300g，小葱一把，蒜4瓣；鹽、醬油、生粉、料酒、食用油適量。

做法：

蒜切末；小葱切段；豬肝切片，放鹽、料酒、醬油拌勻醃裹10分鐘，再滾上一層生粉；將適量的油倒入鍋中，燒熱後放入豬肝滑炒至8成熟，盛出；鍋底留油，放入葱蒜煸炒，烹入適量的鹽和醬油，再放入豬肝同炒至豬肝熟透，即可盛出。

功效：補肝明目、養血補血。

豬肝的營養元素表(每100g)

★ 脂肪 3.5g	★ 鐵 5.78mg
★ 蛋白質 19.3g	★ 鋅 22.6mg
★ 維他命C 20mg	★ 硒 19.2μg
★ 維他命B₃ 15mg	

14 補腦益智 兔肉

補中益氣、老年人保健

■ 別稱
菜兔肉、野兔肉

■ 性味
性涼,味甘

■ 食用功效
清熱涼血、健脾止渴、安神補腦

✓ **適宜人士**:一般人均可

✗ **不適宜人士**:脾胃虛寒、腹瀉者以及孕婦及經期婦女

✦ 兔肉的補腦益智成分

1 卵磷脂

兔肉含有豐富的卵磷脂,是神經組織和腦脊髓的主要成分,是兒童、青少年的大腦和其他器官發育不可缺少的物質,對於健腦益智有很重要的功效。因此,兔肉是補腦的一種上好肉製品,兒童應該多食。

2 氨基酸

兔肉含有人體所需要的8種氨基酸,其中的酪氨酸和色氨酸是幫助大腦傳遞信號的重要物質。如果這兩種物質缺乏,大腦會失去正常的工作機能,因此,常吃兔肉,有助於安神補腦,兔肉在國際上有「保健肉」的稱號。

3 微量元素和礦物質

兔肉含有大量的微量元素和礦物質,鈣、鐵含量也很豐富。鈣與神經細胞傳遞信息和肌肉收縮有重要的聯繫,鐵為合成紅血球的重要物質,保證腦部活動充足的血量。

註:此頁內容為資料性參考

✓ 兔肉的搭配宜忌

✓ 兔肉是高蛋白、低脂肪的肉製品;生菜有利水通便、清肝明目、強筋骨的作用。兩者葷素搭配食用,可以減少兔肉的油膩,還可以開胃、助消化,促進營養物質充分地吸收。

✗ 兔肉性寒,味酸;橘子性溫,味甘,含有多種維他命和酸性物質。兩者性味相反,搭配食用後,易出現腹脹、腹瀉的症狀。因此,應盡量避免將兔肉和橘子放在一起食用。

兔肉的營養元素表(每100g)

★ 脂肪 2.2g
★ 蛋白質 19.7g
★ 維他命E 0.4g
★ 核黃素 0.1mg
★ 維他命B_3 5.8mg
★ 鈣 12mg
★ 鐵 2mg
★ 磷 165mg

15
補腦益智

沙丁魚

健脾養胃、補腦提神

■ 別稱
沙鮨、沙腦鰮、大肚鰮、真鰮

■ 性味
性溫，味鹹

■ 食用功效
補虛健腦

✓ **適宜人士**：一般人，尤其體質虛弱者

✗ **不適宜人士**：肝硬化、高尿酸血症、痛風患者

✦ 沙丁魚的補腦益智成分

① 酪氨酸

沙丁魚含有豐富的酪氨酸，能幫助產生大腦的神經遞質，使人注意力集中，思維活躍。沙丁魚還含有二十二碳六烯酸，該物質具有促進兒童大腦發育、延緩老人記憶衰退的作用。

② 不飽和脂肪酸

沙丁魚含有豐富的不飽和脂肪酸及DHA。DHA是提高智力、提升心理承受力、增強記憶力的重要物質。有活化大腦細胞的作用。對於提高記憶力、發展智力、增強思維能力也起着重要的作用。

③ B族維他命

沙丁魚含有葉酸、維他命B_3等維他命，它們是改善大腦機能的重要物質，對人的記憶力、判斷力、認知力有着重要的影響。

④ 微量元素

沙丁魚含有豐富的微量元素如鈣、磷、鐵、鉀、鋅等，這些物質對於大腦的生長發育、正常工作和活動，都起着重要的影響和作用。

✓ 沙丁魚的食用宜忌

✓ 一般人皆可食用。

✓ 體質虛弱者宜食。

✓ 心臟病、動脈硬化、貧血者宜食。

✓ 女性美容減肥，可常食沙丁魚。

✓ 心腦血管疾病患者、正發育的兒童，也要常食沙丁魚。

✗ 不新鮮的沙丁魚有毒，忌食。

✗ 感冒患者忌食。

• **選購技巧**：選購沙丁魚，應該選擇鱗片有光澤、摸起來有彈性的沙丁魚。

• **儲存竅門**：沙丁魚宰殺乾淨，用水沖洗後，瀝去水分，用保鮮袋包裹。然後放進冰箱的冷凍室內，需要食用時才取出解凍。對於加工過的沙丁魚，最好現做現食。

第五章 ---- 補腦益智食物Top 20，吃好變聰明

 **沙丁魚的搭配宜忌**

= **清肝明目** ✓

= **腸胃不適** ✗

　　沙丁魚中含有豐富的不飽和脂肪酸；紅蘿蔔中含有大量的類胡蘿蔔素。兩種食物搭配食用，有清肝明目、防癌抗老的作用。對於心臟病、視力低下、癌症等症有很好的防治作用。

　　沙丁魚是一種高蛋白質食物；醋中含有大量的醋酸。兩者搭配食用，會使醋和蛋白質發生反應，產生不利於人體的物質，影響身體健康。因此，腸胃不適者，盡量避免將兩種食物搭配食用。

= **消除疲勞** ✓

= **降低營養** ✗

　　沙丁魚中含有豐富的維他命E；香菇中含有豐富的維他命和微量元素。兩者搭配食用，有助於美肌健體、消除疲勞，對於動脈硬化、頭髮脫落等症，沙丁魚也有很好的食療作用。

　　沙丁魚含有大量的蛋白質；燕麥中含有豐富的植酸。兩者搭配食用，會使植酸和蛋白質發生反應，影響人體對蛋白質的吸收，從而造成營養的流失。

沙丁魚的營養吃法

紅燒沙丁魚

材料：

沙丁魚1條，香蔥6棵、
薑片、鹽、白糖、醬油、
料酒、醋、番茄醬適量。

做法：

將沙丁魚宰殺乾淨，用料酒、鹽醃製30分鐘；香蔥洗淨切碎；鍋中倒油，油熱時，將魚炸成金黃色，撈出；鍋內倒入少量的油，加白糖，變色後倒入其他調料，出香味後，將魚倒入；添入少量的水，小火，待鍋內的湯基本變乾，撒上蔥花，就可以出鍋了。

功效：健脾養胃、補虛健腦。

沙丁魚的營養元素表(每100g)	
★ 脂肪 1.1g	★ 維他命B$_3$ 2mg
★ 蛋白質 19.8g	★ 鈣 184mg
★ 維他命E 0.26μg	★ 磷 183mg
★ 核黃素 0.03mg	★ 鐵 1.4mg

16
補腦益智

鱸魚

健腦益智、舒筋活絡

■ 別稱
花鱸、寨花、
鱸板

■ 性味
性平，味甘

■ 食用功效
和腸胃、治水氣、補腦

✓ 適宜人士：一般人均可食用
✗ 不適宜人士：皮膚病、痛風患者

✦ 鱸魚的補腦益智成分

1 蛋白質

鱸魚含有豐富的蛋白質，每100g鱸魚含蛋白質約18.6g，是一種高蛋白質食物。優質的蛋白質是預防記憶力下降的重要物質，是人體最需要的基本物質之一。

2 DHA

鱸魚含有DHA，DHA俗稱腦黃金，是一種對人體非常重要的多不飽和脂肪酸，是神經系統細胞維持正常工作的一種重要元素。它能活化大腦細胞，維持腦神經正常活動。因此，DHA也是目前最重要的補腦營養素，對於學生增進智力、提高記憶力和學習能力有很重要的促進作用。

3 維他命E和硒元素

鱸魚含有豐富的維他命E和硒元素，每100g含鱸魚中硒元素的含量約33μg。這兩種物質是很強的抗氧化劑，可以預防大腦提前老化，對於提高記憶力、預防認知障礙症有很好的作用。

＋ 鱸魚的營養搭配

 ＋ = **強健骨骼** ✓

鱸魚中含有豐富的維他命D和鈣質；豆腐中含有豐富的鈣。兩種食物搭配在一起，維他命D可以幫助人體對鈣質的吸收，有利於強健骨骼、強身健體。

 ＋ = **促進消化** ✓

鱸魚富含蛋白質、維他命和微量元素，和蔥搭配，不僅能祛除鱸魚本身的魚腥味，還有促進消化的作用，對小兒消化不良有很好的緩解作用。

鱸魚的營養元素表(每100g)

★ 脂肪 3.4g
★ 蛋白質 18.6g
★ 維他命A 19μg
★ 維他命E 0.75mg
★ 維他命B$_3$ 3.1mg

★ 鈣 138mg
★ 鐵 2mg
★ 鋅 2.9mg
★ 硒 33μg

第五章 ---- 補腦益智食物Top 20，吃好變聰明

17
補腦益智

鱔魚

補氣益血、健腦益智

■ 別稱
黃鱔、長魚、
蛇魚

■ 食用功效
補肝脾

■ 性味
性溫，味甘

✓ **適宜人士**：一般人尤其是貧血者、糖尿病患者和老年人
✗ **不適宜人士**：皮膚病、支氣管炎患者等

鱔魚的補腦益智成分

1 DHA和卵磷脂

鱔魚含有豐富的DHA和卵磷脂，它不僅是構成人體各器官組織細胞膜的主要成分，而且是腦細胞不可缺少的營養。

2 蛋白質

鱔魚是高蛋白質食物，每100g鱔魚中含蛋白質約18g，裏面含有大量的色氨酸，每100g鱔魚中含有色氨酸約250mg。這些營養物質對於腦部工作和活動發揮着重要的作用，是人體不可缺少的物質。

3 B族維他命

鱔魚含有豐富的B族維他命，維他命B_1和維他命B_2能促進熱量的轉化，供應腦部和腦神經正常工作。可以維持神經系統健康、消除人體煩躁，增強記憶力，是維持身體代謝不可缺少的物質。

4 鈣、鋅

鱔魚含有豐富的鈣和鋅，鈣能促進骨骼發育，參與神經傳導和肌肉活動，對穩定神經發揮着重要作用；鋅是維護大腦機能的重要物質，能夠維持注意力、記憶力，對人體智力的發展也起着重要的作用。

鱔魚的食用宜忌

✓ 一般人士皆可食用。
✓ 糖尿病患者宜食鱔魚。
✓ 老年人、營養不良者宜食。

✗ 最好是食用鮮活的鱔魚，已死半天以上的鱔魚不宜食用。
✗ 鱔魚雖好，也不宜食之過量，否則不僅不易消化，而且還可能引發舊症。
✗ 鱔魚不宜與菠菜同食，易引發腹瀉。
✗ 鱔魚不宜與含鞣酸多的水果同食。

選購技巧：選購鱔魚時，最好選擇顏色灰黃、摸起來比較柔軟的鱔魚。

儲存竅門：鱔魚死後易產生組胺，這種物質帶有毒性，食用後會造成人體中毒。因此，鱔魚宰殺後最好立即食用，避免放置或者儲存。

 ＝ 補血養顏 ✓

鱔魚中含有豐富的鐵質；椰菜花中含有豐富的維他命C。兩種食物搭配在一起食用，可以促進人體對鐵質的吸收，有補血養顏、強健筋骨的作用。很適合貧血患者和骨質疏鬆者食用。

 ＝ 提高視力 ✓

鱔魚中含有豐富的維他命A，有明目清肝的作用；香菇中含有豐富的維他命D，能夠促進維他命A的吸收。兩者搭配食用，有助於提高視力，對於視力模糊、青光眼等症有很好的食療作用。

 ＝ 刺激腸胃 ✗

鱔魚中含有豐富的鐵質；茶葉中含有單寧酸。兩種食物搭配食用，易使鐵質和單寧酸發生反應，生成螯合物，這種物質影響人體對鐵質吸收的同時，還對人體的腸胃有刺激作用。

 ＝ 營養流失 ✗

鱔魚中含有豐富的鈣質；菠菜中含有豐富的草酸。兩種食物放在一起食用，草酸和鈣質會發生反應，形成草酸鈣。這就影響了人體對鈣質的吸收，造成營養的流失，在日常生活中需要注意。

🍴 鱔魚的營養吃法

焗燒鱔魚

材料：

鱔魚4條；青椒2個，薑2片，蔥1棵，蒜4瓣，豆瓣醬、鹽、料酒、油各適量。

做法：

蔥切成蔥花；薑切成末；蒜切成片；青椒切成段狀；先把鱔魚處理乾淨，去頭和刺，將適量的油倒入鍋中，將鱔魚用油炸至金黃色後撈出待用；將蔥、薑、青椒、蒜爆香，將鱔魚段、豆瓣醬倒入鍋中烹炒，稍後加入其餘調料，熟後即可食用。

功效：祛風通絡、補腦益智。

鱔魚的營養元素表(每100g)

★ 脂肪 1.4g	★ 鈣 42mg
★ 蛋白質 18g	★ 鐵 2.5mg
★ 維他命A 50μg	★ 磷 206mg
★ 維他命B₃ 3.7mg	★ 硒 34μg

18 補腦益智

鯧魚

健脾養胃、安神補腦

■ 別稱
銀鯧、鏡魚

■ 性味
性平，味甘、鹹

■ 食用功效
健脾開胃、安神止痢、
益氣填精、補腦益智

✓ **適宜人士**：一般人均可，尤其貧血、食慾不振者
✗ **不適宜人士**：過敏體質者以及哮喘患者等

✦ 鯧魚的補腦益智成分

1 蛋白質

鯧魚是一種高蛋白物質，其蛋白質中含有酪氨酸、色氨酸等17種氨基酸。其中的酪氨酸和色氨酸，可以改善睡眠，是幫助大腦神經傳導信息的重要神經傳導介質。

2 B族維他命

鯧魚含有維他命B_1、維他命B_2和葉酸等B族維他命，對於大腦正常工作和神經系統健康起着重要的作用。因此，青少年和經常用腦者，應多吃一些鯧魚。

3 維他命E和硒元素

鯧魚含有豐富的維他命E和硒元素，能夠預防DHA和磷脂被氧化，對於記憶力下降有很好的預防作用。

4 微量元素

鯧魚中含有豐富的微量元素，每100g含鈣78mg，鈣對於神經傳導和肌肉的運動起着一定的作用，所以鯧魚對於穩定神經系統、肌肉活動等有很好的功效。

✚ 鯧魚的搭配宜忌

 + = **促進維他命C吸收** ✓

柿子椒富含維他命C和胡蘿蔔素，具有促進消化的作用，與富含營養的鯧魚搭配，不僅能豐富營養，還能促進維他命C的吸收。

 + = **消化不良** ✗

鯧魚是一種高蛋白物質，有微毒，多食不易消化；高粱米也是一種不易消化的食物。兩者搭配食用，容易形成人體不易消化的物質，造成消化不良、積食。腸胃功能虛弱者在食用時要特別注意。

鯧魚的營養元素表(每100g)

★ 脂肪 7.3g
★ 蛋白質 18.5g
★ 維他命E 1.26mg
★ 維他命B_3 2.3mg
★ 鈣 78mg
★ 鐵 0.9mg
★ 鋅 0.9mg
★ 硒 55μg

19
補腦益智

黑豆

清熱解毒、安神補腦

■ 別稱
烏豆、冬豆子、大菽

■ 性味
性溫，味甘

■ 食用功效
活血、利水、祛風、滋養健胃

✓ 適宜人士：一般人均可
✗ 不適宜人士：幼兒

✦ 黑豆的補腦益智成分

1 蛋白質

黑豆的蛋白質含量高達40%，每100g黑豆含蛋白質36g，這相當於肉類中所含蛋白質的2倍；黑豆中的氨基酸含量很豐富，囊括了人體必需的8種氨基酸，對於大腦的正常活動發揮着重要的作用。

2 維他命E

黑豆含有豐富的維他命E，每100g黑豆含維他命E約17.36mg。維他命E是一種很重要的抗氧化劑之一，能提高強化腦細胞功能，對於延緩大腦的衰老發揮着重要的作用。

3 微量元素

黑豆含有豐富的微量元素，每100g黑豆含鈣224mg，含鎂243mg，含磷577mg。其他鐵、鋅、硒、錳等元素含量也不低。這些營養元素能延緩大腦機體衰老，對激發大腦活力發揮着重要的作用。

＋ 黑豆的營養搭配

＋ ＝ 清熱解毒 ✓

黑豆有清熱解毒的作用；甘草是解毒的重要中藥。兩者加水煎熬成汁，對於腳氣水腫、熱風毒等症有很好的食療作用。需要注意的是，幼兒最好不要採用此方。

＋ ＝ 補腎補血 ✓

黑豆有補腎補血、安神補腦、清熱解毒的功效；紅棗有補中益氣、補血養顏的作用。兩者搭配，補腎補血功效更強。

黑豆的營養元素表(每100g)

★ 脂肪 15.9g
★ 蛋白質 36g
★ 纖維素 10.2g
★ 維他命E 17.36mg
★ 維他命B₃ 2mg
★ 鎂 243mg
★ 鈣 224mg
★ 鉀 1377mg
★ 磷 577mg

20
補腦益智

黑米

滋陰潤肺、補腦養心

✓ 適宜人士：一般人均可
✗ 不適宜人士：脾胃虛弱者

■ 別稱
黑糯米、補血米、長壽米

■ 性味
性溫，味甘

■ 食用功效
養心、滋補脾胃、補腎健脾、健腦益智

◆ 黑米的補腦益智成分

1 B族維他命

黑米中含有豐富的B族維他命，其中維他命B_1的含量為每100g含量0.46mg。這些營養物質對於維持腦部神經系統的正常運作發揮着重要的作用。

2 鎂

黑米中含有大量的鎂，每100g黑米中含鎂量達147mg。鎂對於維持正常的神經功能和肌肉放鬆發揮着重要的作用。

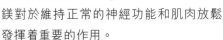

3 鋅

黑米中的鋅含量很豐富，每100g黑米中含鋅量達到3.8mg。鋅是腦部正常發育的重要物質，對於穩定情緒、活化腦部功能、維持記憶力發揮着重要作用。

4 維他命E和硒

黑米中含有維他命E和硒元素，這兩種物質都是很強的抗氧化劑，可以預防DHA和磷脂的氧化，從而預防大腦的老化，對於維持記憶力有着重要的作用。

✓ 黑米的食用宜忌

✓ 可先吃些紫紅糯米，再食用黑米。

✓ 黑米的米粒外部有一層堅韌的種皮包裹，不易煮爛，故黑米應先浸泡一夜再煮。

✓ 黑米粥宜煮至黑米完全變爛，湯汁黏稠，否則不利於消化。

✓ 黑米適宜產後血虛、病後體虛者、貧血者、腎虛者、年少鬚髮早白者食用。

✗ 消化功能較弱的孩子和老弱病者不宜食用黑米粥。

✗ 腹脹、腹痛者忌食。

• **選購技巧**：購買時可以用手輕搓黑米皮，如果手上出現黑色，一般是染製的假黑米。

• **儲存竅門**：儲存黑米的時候，最好放在陰涼、乾燥的地方，並可以在黑米的袋子中放上一些花椒。如果黑米量不是很多，可以將黑米放在小袋子中，然後放在冰箱的冷藏室內備用。

➕ 黑米的搭配宜忌

 ＋ ＝ **滋陰潤肺** ✓

　　黑米含有豐富的營養物質，有滋陰潤肺、補腎健脾的作用；銀耳有補腎潤肺、補腦強身的功效。兩者搭配食用，有滋陰潤肺、補脾養胃的作用，適合四季滋補身體食用。

 ＋ ＝ **烏髮美容** ✓

　　黑米有補脾養胃、補腦益智的作用；黑芝麻有烏髮美容、補血的功效。兩者搭配食用，補腦益智的同時，還能使肌膚更加紅潤光潔，很適合頭髮花白以及貧血患者食用。

 ＝ **補腦益智** ✓

　　黑米含蛋白質、碳水化合物、維他命等營養元素，有補腦養心、健脾補腎的作用。和核桃搭配，固精強腎的同時，還可以補腦益智。

 ＋ ＝ **刺激腸胃** ✗

　　黑米含有豐富的鐵質；茶葉中含有大量的單寧酸。兩者搭配食用，會使鐵質和單寧酸發生反應，影響人體對鐵的吸收的同時，其生成物對人體的腸胃還有刺激作用，腸胃虛弱者應少食用。

🍴 黑米的營養吃法

黑米紅棗粥

材料：

黑米30g，大米40g，紅棗8粒，花生仁10g。

做法：

紅棗洗淨去核；黑米、大米、花生仁淘洗乾淨。將上述材料放在一起煮粥食用即可。煮熟之後也可加入白糖調味。

功效：

味道香甜，有滋陰潤肺、養心補腎、滋補脾胃的作用。

黑米的營養元素表(每100g)	
★ 脂肪 2.5g	★ 維他命B₃ 7.9mg
★ 蛋白質 9.4g	★ 鎂 147mg
★ 維他命E 0.3mg	★ 鈣 12mg
★ 核黃素 0.13mg	★ 鐵 1.6mg

第六章
防病治病食物
TOP 20，吃對百病消

　　食物中含有豐富的營養物質，這些營養物質通過食物被攝入人體，經過人體的消化和吸收後，就能維持人體的健康成長。除此之外，食物對於一些疾病還有一定預防和食療作用。下面就介紹20種能防病治病的食物。

以下20種食物在防病治病方面起着很重要的作用，是食療保健的營養佳品。

前 20名
防病治病食物排行榜

食物名稱	上榜原因	食用功效	主要營養成分
百合	■中藥有「百合固金湯」，可輔助治療久咳、咳喘、咯血、肺傷咽痛。	清心潤肺、安神定志、止咳平喘、利大小便	脂肪、蛋白質、纖維素、維他命、維他命B₃、鈣、鐵
紅棗	■紅棗有抑制癌細胞，提高人體免疫力的功效，可補脾和胃，益氣生津，解藥毒。	補虛益氣、養血安神、美容養顏、降低血清膽固醇	蛋白質、脂肪、維他命C、維他命E、核黃素
烏雞肉	■烏雞體內的黑色物質含鐵、銅元素較高，對產後貧血者具有補血、促進康復的作用。	滋陰補腎、養血填精、益肝退熱	蛋白質、維他命E、膽固醇、鈣、鉀、磷
馬齒莧	■馬齒莧含有抑制細菌的物質，對痢疾桿菌有抑制作用，適用於胃腸疾病及泌尿系統疾病。	清熱解毒、散血消腫、利潤腸	脂肪、蛋白質、胡蘿蔔素、鈣、鐵、磷、核黃素
山藥	■山藥中含有皂甙、黏液質，對肺部有滋潤作用。因此，有潤肺止咳的功效。	益腎強陰、消渴生津、補益中氣、美容減肥	蛋白質、脂肪、纖維素、維他命E
板栗	■板栗對人體的滋補功能，具有健脾補腎、抗衰老的作用，特別是對老年腎虛、大便溏瀉者療效更佳。	補脾健胃、補腎強筋、活血止血、抗衰老	維他命C、蛋白質、纖維素、鈣
梨	■梨有降壓、清熱的功效，經常食用，對高血壓、心臟病、肝硬化患者的症狀有緩解作用。	清熱生津、除煩止渴、潤燥化痰、潤腸通便	脂肪、蛋白質、纖維素、維他命C
紅豆	■紅豆含有豐富的膳食纖維，具有良好的潤腸通便、調節血糖、預防結石、健美減肥的作用。	利小便、消脹、除腫、止吐、消除疲勞、改善貧血	脂肪、蛋白質、纖維素、維他命、維他命B₃、鈣、鐵
螃蟹	■螃蟹殼含碳酸鈣、甲殼素、蟹黃素、蟹紅素以及蛋白質等，這些物質有解毒消腫的作用。	清熱解毒、補骨添髓、養筋活血、清熱解毒、滋補身體	脂肪、蛋白質、維他命E、維他命B₃、鈣、鐵、鋅

花生	■花生含有豐富的蛋白質和脂肪油，是供給身體能量，增強抵抗力，促進生長發育的重要物質。	健脾和胃、潤肺化痰、滋陰調氣、防治高血壓、冠心病	維他命C、脂肪、蛋白質、維他命E、纖維素
蝸牛肉	■蝸牛有清熱解毒、消腫利尿、平喘的作用，對於防治痢疾、夜尿、尿頻等疾病有很好的作用。	清熱解毒、消腫止痛、平喘理氣、促進消化	水分、脂肪、蛋白質、碳水化合物
鯉魚	■鯉魚有助於降低膽固醇，防治動脈硬化、冠心病，對於人體健康起着很重要的作用。	益氣健脾、利水消腫、下氣通乳、安胎止咳	維他命A、維他命E、脂肪、蛋白質
高粱米	■經常食用高粱米有涼血解毒的功效，還可以和胃健脾，消積。	溫中利氣、止泄澀腸、主治小便濕熱不利	脂肪、蛋白質、纖維素、核黃素
南瓜	■南瓜含有豐富的維他命和果膠，能起到很好的解毒作用。	潤肺益氣、化痰排膿、驅蟲解毒、治咳止喘	脂肪、蛋白質、纖維素、維他命C、維他命B₃、鈣
蓮藕	■蓮藕含有豐富的丹寧酸，具有收縮血管和止血的作用。	生津涼血、補脾益血、生肌、止瀉	脂肪、蛋白質、維他命
馬蹄	■馬蹄有預防急性傳染病的功能。在麻疹、流行性腦膜炎較易發生的春季，馬蹄是很好的防病食品。	涼血解毒、利尿通便、清熱瀉火、美容養顏、防治急性疾病	脂肪、蛋白質、纖維素、維他命C、核黃素、鐵
茄子	■茄子對痛經、慢性胃炎及胃炎水腫等有一定的治療作用。茄皮含有色素茄色甙、紫蘇甙等。	活血化瘀、清熱消腫、寬腸通便、預防癌症	維他命A、維他命C、維他命E、鈣、纖維素
鴨蛋	■中醫認為，鴨蛋性涼味甘、鹹，有滋陰清熱的作用，對於上火引起的疾病和便秘有很好的治療作用。	滋陰清熱、生津益胃、清肺、豐肌除熱	核黃素、維他命A、鈣、鐵、硒
糯米	■糯米有利水消腫、止汗的作用，並且可以輔助治療尿頻、盜汗且有較好的療效。	溫暖脾胃、補益中氣、治療尿頻、盜汗、多汗症	脂肪、蛋白質、纖維素、維他命E、維他命B₃、鈣、鐵
魷魚	■魷魚含有豐富的鈣、磷、鐵元素，鈣可以預防人體骨骼疏鬆。	補虛潤膚、維持骨骼牙齒健康	維他命E、脂肪、蛋白質、核黃素、鈣

百合

清心潤肺、解毒防癌

防病治病 1

- **食用功效**
  安神定志

- **別稱**
  蒜腦薯

- **性味**
  性平，味甘

✓ **適宜人士**：一般人均可

✗ **不適宜人士**：風寒咳嗽、虛寒出血、脾虛便溏者等

百合的防病治病功效

1 潤肺止咳、清心安神

百合入心、肺經，可用於久咳、咳喘、咯血、肺傷咽痛。中藥有「百合固金湯」。

2 防治「三高」

百合高鉀、低鈉，能預防高血壓，有保護血管的作用。百合含果膠甚豐，能降低血漿中的膽固醇、降低血糖、增進大腸功能、促進排便通暢。

3 改善病情

百合可以解渴潤燥，支氣管不好的人食用百合有助於改善病情。百合主要含秋水仙鹼等多種生物鹼，可緩解通風、高尿酸血症，百合營養豐富，有良好的營養滋補之功，特別是對病後體弱症大有神益。

4 防癌抗癌

百合的礦物質含量豐富，能有效改善貧血並能排毒，尤其適宜工作壓力大的人士。百合含有百合甙和秋水仙鹼，能抑制癌細胞繁殖，有抗癌作用。

百合的食用宜忌

✓ 百合是老少皆宜的食物。

✓ 在烹煮百合前，須進行泡發、預煮、蜜炙等預加工步驟。

✓ 百合為藥食兼優的滋補佳品，四季皆可食用，但更宜於秋季食用。

✗ 百合製作時不宜加入過多調味料，應盡量保持其本身所具鮮味。

✗ 百合性偏涼，凡風寒咳嗽、虛寒出血、脾虛便溏者不宜選用。

選購技巧：新鮮百合選購的時候應選擇個兒大的、顏色白並瓣均、底部凹處泥土少的。

儲存竅門：新鮮百合保存的時候應儲存在冰箱裏；乾百合保存的時候，最好放在乾燥容器內並密封，放置在冰箱或通風乾燥處。

➕ 百合的營養搭配

 ＝ **潤肺益腎** ✓

百合和核桃搭配食用，有潤肺益腎、止咳平喘的作用。將百合、核桃和糯米煮粥食用，很適合面色蒼白、頭暈乏力、神疲乏力、少痰咳嗽者食用。

 ＝ **清心潤肺** ✓

百合和冰糖搭配，有潤燥清火、清心養肺、解毒防癌的功效。適用於肺燥乾咳、口乾舌燥、心煩意亂等症。

 ＝ **潤肺止咳** ✓

百合性寒，味甘，有潤肺止咳、清熱解毒的作用；蘆筍有抑制癌細胞的作用。兩者搭配食用，有潤肺止咳的作用，很適合喉嚨乾癢、久咳不愈患者食用。

 ＝ **清熱潤肺** ✓

百合有清心潤肺、安神補腦的作用，和有清熱利水作用的冬瓜搭配，有清涼、潤肺、袪熱、解暑的功效，是夏季食療佳餚。

🍴 百合的營養吃法

百合拌杏仁

材料：

杏仁50g，百合30g，青、紅椒各1個，鹽5g，麻油、生抽適量。

做法：

將杏仁泡發，以便去掉苦味；百合用清水沖洗一下；青、紅椒洗淨之後切成小丁待用，然後將杏仁和百合分別在開水中灼熟，用涼開水沖洗，然後和青、紅椒一起裝入盤中，加入鹽、麻油、生抽等調味料攪拌均勻即可食用。

功效：清心潤肺、安神定氣

百合的營養元素表(每100g)

★ 脂肪 0.1g	★ 鐵 1mg
★ 蛋白質 3.2g	★ 維他命C 18mg
★ 纖維素 1.7g	
★ 維他命B$_3$ 0.7mg	
★ 鈣 11mg	

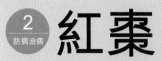

2
防病治病

紅棗

溫腎助陽、益脾健胃

■ 別稱
大棗、棗

■ 性味
性溫，味甘

■ 食用功效
養血安神、美
容養顏、降低
血清膽固醇

✓ 適宜人士：中老年人、青少年、女性等

✗ 不適宜人士：腹脹、胃脹者等

紅棗的防病治病功效

① 預防癌症

紅棗有抑制癌細胞，提高人體免疫力的功效。藥理研究發現，紅棗能促進白血球的生成，降低血清膽固醇，提高血清白蛋白，保護肝臟。

② 防治脾胃疾病

紅棗還可以抗過敏，除腥臭怪味，寧心安神，益智健腦，增強食慾。用於脾胃虛弱、貧血虛寒、腸胃病食慾不振、大便溏稀、疲乏無力、氣血不足、津液虧損等症。

③ 預防膽結石

經常食用鮮棗的人很少患膽結石，這是因為鮮棗中豐富的維他命C，可以幫助體內多餘的膽固醇轉變為膽汁酸，降低結石形成的概率。

④ 防治高血壓

紅棗中所含的蘆丁，是一種使血管軟化、使血壓降低的物質，對高血壓病有防治功效，很適合高血壓患者食用。

紅棗的食用宜忌

✓ 一般人均可食用。

✓ 紅棗是中老年人、青少年及女性理想的天然保健食品。

✓ 棗皮中含有豐富的營養素，燉湯時應連皮一起烹調。

✓ 病後調養的人宜用。

✓ 紅棗適宜和龍眼搭配煮湯，補血美容的效果更好。

✗ 腹脹、胃脹者忌食。

✗ 腐爛的紅棗不宜食用，否則會引起中毒。

✗ 糖尿病患者不宜多食紅棗。

選購技巧：選購紅棗的時候，最好選擇顏色紫紅、顆粒均勻、皺紋少的紅棗。

儲存竅門：紅棗容易生蟲或者發黴。因此，一定要注意儲存。儲存紅棗時，最好將紅棗放在陰涼通風的地方。如果紅棗不多，可以裝在小紙袋裏，放在冰箱的冷藏室內。

✛ 紅棗的搭配宜忌

 ＝ **補中益氣** ✓

　　紅棗含有豐富的維他命、鐵質，有養血安神、補中益氣的作用；牛肉含有豐富的微量元素，有滋養脾胃、化痰止渴的功效。兩者搭配食用，富含營養，有助於病後滋補身體。

 ＝ **提高免疫力** ✓

　　紅棗含有豐富的維他命和微量元素，有提高人體免疫力、防止骨質疏鬆的作用；糯米有健脾養胃、止虛汗的作用。兩者搭配食用，有養胃補虛的作用，對胃脘隱痛等症有很好的療效。

 ＝ **補血養顏** ✓

　　紅棗富含各種礦物質和維他命，維他命C和鐵含量尤為豐富；牛奶富含鈣質，兩者搭配，有補血養顏、強健骨骼的功效。很適合貧血、氣血不足者食用。

 ＝ **寒熱** ✗

　　任何食物都有寒熱溫涼的屬性，它們可能相生相剋。紅棗性溫，味甘；螃蟹性寒，味酸鹹。兩者性味相反，搭配食用，容易引起寒熱，對身體健康不利。因此，應盡量避免將紅棗和螃蟹放在一起食用。

🍴 紅棗的營養吃法

紅棗牛肉湯

材料：

紅棗10粒，牛肉300g，薑2片，鹽適量。

做法：

紅棗洗淨用清水泡開；牛肉切塊；然後將紅棗、牛肉和薑片放入鍋中，加入適量水，煮至肉爛，加入鹽皆可。

功效：

此湯適合腸胃虛弱者，有補血美容的作用，還可以提高睡眠質量，對於中風、虛悸、四肢沉重等症也有很好的療效。

紅棗的營養元素表(每100g)

★ 蛋白質 3.2g	★ 維他命E 3.04mg
★ 脂肪 0.5g	★ 核黃素 0.16mg
★ 纖維素 6.2g	★ 鈣 64mg
★ 維他命C 14mg	

3
防病治病

烏雞肉

強健骨骼、防婦科病

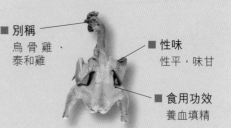

- ■ 別稱
  烏骨雞、
  泰和雞
- ■ 性味
  性平，味甘
- ■ 食用功效
  養血填精

✓ **適宜人士**：一般人皆可

✗ **不適宜人士**：生痰助火，感冒發熱或濕熱內蘊而見食少、腹脹者

✦ 烏雞肉的防病治病功效

1 防治婦科疾病

烏雞含有豐富的營養物質，烏雞能補虛勞羸弱，益產婦，有補氣、養血、調經、止帶、陰陽雙補等多種功能，對於治療月經不調、美容養顏療效顯着。烏雞是中國特有的藥用珍禽，烏雞白鳳丸就是利用烏雞製成的醫治婦科病的藥，能夠滋養肝腎、養血益精、健脾固沖。

2 防治貧血

烏雞適合一切體虛血虧、肝腎不足、脾胃不健的人食用。烏雞體內含鐵、銅元素較高，對於病後、產後貧血者具有補血、促進康復的作用。

3 預防骨質疏鬆

食用烏雞可以提高生理機能，延緩衰老，強筋健骨，對防治骨質疏鬆、佝僂病、女性缺鐵性貧血等有明顯功效。

4 預防身體虛弱

烏雞含有人體不可缺少的賴氨酸、蛋氨酸和組氨酸，有相當高的滋補藥用價值。特別是富含極高滋補藥用價值的黑色素，有助於保護我們的細胞，而且還可以預防身體虛弱。

✓ 烏雞肉的食用宜忌

✓ 一般人士皆可食用。

✓ 尤適合一切體虛血虧、肝腎不足、脾胃不健的人食用。

✓ 烏雞熬湯，滋補的效果最佳。

✓ 烏雞宜與黑芝麻同食，能美容。

✓ 燉煮時最好不用高壓鍋，使用砂鍋文火慢燉最好。

✗ 烏雞多食生痰助火，感冒發熱或濕熱內蘊而見食少、腹脹者不宜食用。

✗ 烏雞白鳳丸對某種病症的針對性不強，女人不可以濫用烏雞白鳳丸來調理身體。

• **選購技巧**：選購烏雞的時候，最好選擇不要太老的烏雞，一般在四斤以下。

• **儲存竅門**：烏雞避免儲存太長時間，最好現買現食。肉類食品盡量避免放置時間太長。

➕ 烏雞肉的搭配宜忌

= 強腎滋陰 ✓

　　烏雞富含營養，有滋陰補腎、養血
填精的作用；黃芪有補氣固表、利尿排毒
的功效。兩者搭配食用，有利於補中益
氣、強腎滋陰。對於肺氣虛弱、氣虛盜
汗、小便不利等症有很好的食療作用。

= 補血養顏 ✓

　　烏雞含有豐富的營養，是益氣滋陰
的佳品；紅棗含有豐富的鐵質，是補血
的上好食物。兩者搭配食用，對於月經
紊亂、皮膚黯淡等症狀有很好的治療效
果，特別適合愛美女性食用。

= 降低營養 ✗

　　烏雞含有豐富的蛋白質、鐵、鋅等
營養物質，而黃豆中含有植酸。如果兩
者搭配食用，會影響人體對烏雞營養物
質的吸收，從而造成營養流失。因此，
應盡量避免將兩者搭配食用。

🍴 烏雞肉的營養吃法

黃芪燉烏雞

材料：

烏雞1只，黃芪
10g，葱1棵，薑1
塊，鹽適量。

做法：

烏雞宰殺乾淨，葱洗淨切成小段，薑洗
淨切小片；然後將烏雞、黃芪、葱段以
及薑片放入鍋中，加入適量的水，大火
燉1小時左右，轉成小火燉20分鐘即可，
然後加入鹽攪拌均勻即可。

烏雞的營養元素表(每100g)

★ 脂肪 2.3g	★ 磷 210mg
★ 蛋白質 22.3g	
★ 維他命E 1.77mg	
★ 膽固醇 106mg	
★ 鈣 17mg	
★ 鉀 323mg	

4 馬齒莧
防病治病

清熱解毒、散血消腫

- **別稱**
  長壽菜、瓜子菜

- **性味**
  性寒，味酸

- **食用功效**
  散血消腫、利水潤腸

✓ **適宜人士**：一般人皆可

✗ **不適宜人士**：孕婦、腹瀉者

✦ 馬齒莧的防病治病功效

1 防治心臟病

馬齒莧含有的γ-3脂肪酸能抑制人體對膽固酸的吸收，可以降低血液的黏稠度，擴張血管，防止血小板聚集，從而預防心臟病的發生，因此，馬齒莧對心臟病患者有一定的食療作用。

2 降血壓

馬齒莧有利水消腫的作用，可以輔助治療水腫，同時還有降血脂的功效，從而達到降血壓的目的。

3 殺菌消炎

馬齒莧的提取物，對大腸桿菌、傷寒桿菌、痢疾桿菌、金黃色葡萄球菌等多種致病細菌，有很強的抑制作用，特別是對痢疾桿菌的殺滅作用明顯。

4 防治腹瀉、痢疾

馬齒莧對於濕熱引起的腹瀉、痢疾等症有很好的防治和緩解作用。一般使用的時候常和黃連、木香搭配。

＋ 馬齒莧的搭配宜忌

 **＝ 暖脾養胃** ✓

馬齒莧有清熱解毒、散熱消腫的作用；蜂蜜有暖脾養胃、潤燥收斂的作用。兩者搭配食用，可以預防很多疾病，對於產後血痢、小便不通、臍腹疼痛等症也有很好的療效。

 ＝ 降低營養 ✗

馬齒莧性寒，味酸；花椒性溫，味麻。馬齒莧和花椒性味相反，放在一起食用，會引起身體不適。因此，應盡量避免將馬齒莧和花椒放在一起食用。

馬齒莧的營養元素表(每100g)

★ 脂肪 0.1g
★ 蛋白質 0.7g
★ 纖維素 0.8g
★ 維他命C 8mg
★ 維他命B$_3$ 0.4g

★ 鈣 16mg

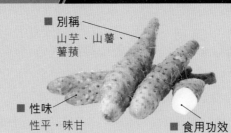

■ 別稱
山芋、山薯、
薯蕷

5
防病治病

山藥

益腎強陰、降血糖

■ 性味
性平，味甘

■ 食用功效
消渴生津、
補益中氣

✓ 適宜人士：一般人均可

✕ 不適宜人士：大便燥結者、實邪者等

✦ 山藥的防病治病功效

1 止咳潤肺

山藥含有皂甙、黏液質，對肺部有滋潤作用。因此有潤肺止咳的功效，對於治療肺虛咳嗽等症起到很好的療效。

2 降低血糖

山藥含有豐富的黏液蛋白。黏液蛋白有降低血糖的作用，可以預防和治療糖尿病，很適合糖尿病患者食用。

3 預防心血管疾病

山藥含有豐富的黏液蛋白、維他命以及微量元素，對阻止血脂在血管壁沉澱、預防心血管疾病有很好的作用。

4 預防骨質疏鬆

山藥含有豐富的鈣質，對於骨質疏

鬆、牙齒脫落、傷筋動骨等症有很好的防治作用，特別適合中老年人。對於凍瘡、消化不良等症也有很好的療效。

✓ 山藥的食用宜忌

✓ 老幼皆可食用。

✓ 山藥宜去皮食用，以免產生麻、刺等異常口感。

✓ 腹脹、病後虛弱者、慢性腎炎患者、長期腹瀉者可常食山藥。

─────

✕ 糖尿病患者食之不可過量。

✕ 有實邪者忌食山藥。

✕ 山藥有收澀的作用，故大便燥結者不宜食用。

選購技巧：選購山藥，要選擇大小相同、拿起來很重的山藥，這樣的山藥一般含水分豐富。

儲存竅門：為了便於山藥的儲存，買回來的山藥最好先去皮清洗乾淨，放進乾淨的保鮮袋中，然後放進冰箱的冷凍室冷凍。冷凍的山藥重新食用的時候，最好拿出來後立即下鍋。

第六章 ---- 防病治病食物 Top 20，吃對百病消

✚ 山藥的搭配宜忌

養心凝神 ✓

蓮子含有豐富的維他命和無機鹽，有鎮靜安神、固齒養血的作用；山藥富含多種營養。蓮子和山藥搭配食用，有養心安神的功效，很適合調養身體食用。

滋補身體 ✓

山藥有健脾養胃、固精益腎的作用；羊肉富含鈣質和鐵質等多種營養，常用來滋補身體。兩者搭配食用，營養豐富，很適合產婦或者身體虛弱者滋補身體食用。需要注意的是，一次最好不要食用過多。

通氣行氣 ✓

山藥營養豐富，有降血糖、益腎強陰的功效；白蘿蔔有補中益氣、清熱利水的作用。兩者搭配食用，有通氣行氣、保養肌膚的功效。

消化不良 ✗

山藥含有大量的鞣酸；白酒食用後會刺激腸胃。兩者搭配食用，鞣酸和胃液發生反應，會生成人體不易消化的物質，容易引發腸胃疾病。因此，應盡量避免將山藥和白酒放在一起食用。

🍴 山藥的營養吃法

蒸山藥

材料：

山藥5根，糖或蜂蜜1小碟。

做法：

將山藥清洗乾淨後，切成大小整齊的長段，在鍋中添水，水開之後放入蒸籠，然後將山藥放入蒸籠中，蒸製10分鐘左右，改用小火蒸20分鐘後出籠。將山藥放入盤中，微涼之後即可食用。喜歡吃糖者可以蘸糖食用，也可拌蜂蜜食用。

功效：

常食山藥有益志安神、延年益壽之功效。

山藥的營養元素表(每100g)

- ★ 脂肪 0.2g
- ★ 蛋白質 1.9g
- ★ 纖維素 0.8g
- ★ 胡蘿蔔素 20μg
- ★ 維他命E 0.24mg
- ★ 鈣 16mg
- ★ 鉀 213mg

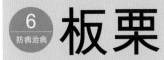

6
防病治病

板栗
補脾養胃、防治腎虛

- **別稱**
  番瓜、倭瓜、金瓜瑰栗

- **食用功效**
  補腎強筋、活血止血

- **性味**
  性溫，味甘

✓ **適宜人士**：一般人均可
✗ **不適宜人士**：脾胃虛寒、便血症者等

板栗的防病治病功效

1 防治口瘡

每100g板栗中含核黃素約0.13mg。核黃素對日久難愈的小兒口舌生瘡和成人口腔潰瘍有很好的療效。

2 防治腎虛

板栗營養豐富，對人體具有滋補功能。板栗還具有輔助治療腎虛的功效，特別是對老年腎虛、大便溏瀉者療效更佳，所以被稱之為「腎之果」。

3 抗衰老

板栗含有豐富的維他命C和鈣，能夠維持牙齒、血管肌肉的正常工作，提高免疫力，從而可以有效地防治骨質疏鬆、腰膝酸疼、人體衰老等疾病。

4 防治高血壓、冠心病等

板栗所含豐富的不飽和脂肪酸和維他命、礦物質，能防治高血壓病、冠心病、動脈硬化等疾病。

板栗的搭配宜忌

+ = **補腎益氣** ✓

板栗有健脾養胃、強筋補腎的作用；雞肉含有蛋白質。兩者搭配食用，食物會變得更有營養，並且板栗和雞肉搭配，會增加雞肉的美味。

+ = **消化不良** ✗

板栗不宜與柿子及含草酸、鞣酸的食物搭配，否則，易導致消化不良。

板栗的營養元素表(每100g)

★ 碳水化合物 46g
★ 蛋白質 1.5g
★ 纖維素 4.8g
★ 核黃素 0.13mg
★ 維他命C 36g

★ 鈣 15mg

第六章 —— 防病治病食物 Top 20，吃對百病消

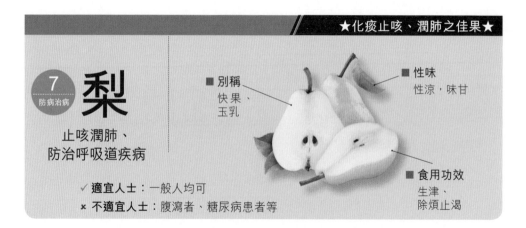

7
防病治病

梨

止咳潤肺、
防治呼吸道疾病

✓ **適宜人士**：一般人均可

✗ **不適宜人士**：腹瀉者、糖尿病患者等

■ **別稱**
快果、
玉乳

■ **性味**
性涼，味甘

■ **食用功效**
生津、
除煩止渴

✦ 梨的防病治病功效

1 預防類風濕以及流行性感冒

梨能促進食慾，並有利尿通便和解熱作用，可用於高熱時補充水分和營養。在秋季氣候乾燥時，人們常感到皮膚瘙癢，口鼻乾燥，有時乾咳少痰，每天吃1~2個梨可解秋燥，有益健康，對防治流行性感冒也有一定的作用。

2 防治呼吸道疾病

梨性味甘寒，對肺結核、氣管炎和上呼吸道感染的患者所出現的咽乾、癢痛、音啞、痰稠等症皆有效。

3 防癌

梨中含有能抑制亞硝酸鹽形成的物質，從而能有效地預防癌症疾病的發生。

4 防治高血壓、心臟病等

梨有降壓、養陰、清熱的功效，經常食用，對高血壓、心臟病、肝炎、肝硬化患者的症狀有一定的緩解作用。

✓ 梨的食用宜忌

✓ 梨宜鮮食為主，亦可煮、烤、蒸、凍、泡等。

✓ 患有肝炎、肝硬化患者，腎功能不佳者宜食用。

✓ 梨宜與薑汁蜂蜜同食。

✗ 慢性胃炎、腸炎者忌食生梨。

✗ 糖尿病患者不宜多吃梨。

✗ 脾胃虛寒者、發熱的人不宜吃生梨，可把梨切塊煮水食用。

• **選購技巧**：選購梨時，要選擇皮薄、顏色鮮亮、沒有疤痕、形狀飽滿的梨。

• **儲存竅門**：梨儲存時，要放在陰涼乾燥的地方。如果想長期儲存，最好用紙袋包裹放在冰箱冷藏室內，可以儲存3~5天的時間。需要注意的是，梨存放冰箱前，不要清洗。

➕ 梨的搭配宜忌

 ＝ 生津止渴 ✔

梨含有豐富的維他命以及微量元素，有生津止渴、潤肺清痰的作用；冰糖有清熱解毒的功效。兩者搭配食用，有潤肺止咳、生津止渴、和胃降逆的功效，對肺部器官有很好的保護作用。

 ＝ 潤肺止咳 ✔

梨性涼，味甘，有生津止渴、益脾養胃的作用；蜂蜜有暖胃潤肺的功效。兩者搭配食用，不但口感甘甜美味，還有潤肺止咳、祛煩除燥的作用。

 ＝ 中和寒熱 ✔

梨性寒，是清熱降火的首選水果，但梨寒性重，吃多了容易傷及脾胃，搭配性熱的橘子一起吃，可以起到中和的作用。

 ＝ 傷腸胃 ✘

《飲膳正要》中曰：「梨不可與蟹同食。」梨味甘，微酸，性寒，螃蟹也是寒涼之物。兩者搭配食用，容易傷腸胃，嚴重者還會引起腹瀉。

🍴 梨的營養吃法

雪梨紅棗銀耳湯

材料：

雪梨2個，紅棗、銀耳、冰糖各10g。

做法：

雪梨洗淨去皮和核，切成小塊；銀耳入水泡發待用；紅棗洗淨；將雪梨塊、紅棗和適量的水倒入鍋中，煮至沸騰；轉小火，將銀耳和冰糖倒入鍋中同煮，待紅棗軟爛，即可關火；將湯盛出，即可食用。

功效：

適合在天氣乾燥的時候食用，有潤喉清熱、止咳祛痰的作用。

梨的營養元素表(每100g)	
★ 脂肪 0.2g	★ 維他命B₃ 0.3mg
★ 蛋白質 1.9g	★ 鈣 39mg
★ 纖維素 1.2g	★ 鉀 243mg
★ 維他命A 3μg	

8
防病治病
紅豆
改善貧血、防膽結石

✓ 適宜人士：一般人皆可
✗ 不適宜人士：尿頻者

■ 別稱
赤豆、赤小豆、
紅小豆

■ 食用功效
利小便、消
脹、除腫、
止吐、消除
疲勞

■ 性味
性寒，味鹹

✦ 紅豆的防病治病功效

1 利尿通水、防水腫

紅豆含有豐富的皂角甙，可刺激腸道，有良好的利尿作用，能解酒、解毒、化濕補脾，對心臟病和腎病、水腫患者很有益處。紅豆中含有葉酸，產婦多吃紅豆有催乳的功效。產婦多食用紅豆，還可以消解產後浮腫。

2 預防膽結石

紅豆含有豐富的膳食纖維，膳食纖維能促進脾胃的功能，刺激胃腸蠕動，讓身體內的廢物和雜質儘快地排出體外，從而有利於預防結石的產生，同時也可以達到減肥的效果。

3 降血壓、降血脂、降膽固醇

紅豆含有膳食纖維，具有良好的潤腸通便、降血壓、降血脂、調節血糖、解毒抗癌、健美減肥的作用。紅豆味甘性平，有降低血壓和降低血液中膽固醇的作用。食療中常被用於動脈粥樣硬化的預防等多種用途。

✛ 紅豆的搭配宜忌

= 消除疲勞 ✓

紅豆中含有豐富的鐵質；核桃中含有豐富的葉酸和鐵質。兩者搭配食用，能夠促進人體的造血功能，在補血養顏的同時，還有助於消除人體疲勞。

= 營養流失 ✗

紅豆中含有豐富的鈣質；蘋果中含有鞣酸。兩者搭配食用，會使鈣質和鞣酸發生反應，產生一種人體不易吸收的物質，從而影響人體對鈣質的吸收，造成營養物質的流失，所以還是分開食用為宜。

紅豆的營養元素表(每100g)

★ 脂肪 0.6g
★ 蛋白質 20.2g
★ 纖維素 7.7g
★ 維他命E 14.3mg
★ 維他命B₃ 2mg

★ 鈣 74mg
★ 鐵 7.4mg

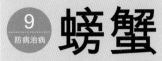

9
防病治病

螃蟹

清熱解毒、強筋健體

■ 別稱
螯毛蟹、
梭子蟹、
青蟹

■ 性味
性寒，味鹹

■ 食用功效
補骨填髓

✓ **適宜人士**：咽喉腫痛者以及癰腫、痔瘡患者等

✗ **不適宜人士**：脾胃虛寒、腹瀉者等

✦ 螃蟹的防病治病功效

1 抗結核

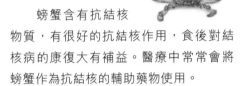

螃蟹含有抗結核物質，有很好的抗結核作用，食後對結核病的康復大有補益。醫療中常常會將螃蟹作為抗結核的輔助藥物使用。

2 解毒去腫

螃蟹殼含碳酸鈣、甲殼素、蟹黃素、蟹紅素以及蛋白質等物質，有解毒去腫的作用，對於血瘀腫痛、女人產後血瘀腹痛、胸中邪氣鬱結瘀血等一些病症有很好治療作用。蟹殼煅灰，調以蜂蜜，外敷可治黃蜂蜇傷或其他無名腫毒。

3 防治佝僂病、骨質疏鬆等

螃蟹中含有豐富的維他命A和鈣質，預防皮膚角化的同時，對於老人骨質疏鬆、兒童佝僂病還有一定的防治作用。

4 治療跌打損傷

據古代醫書記載，蟹肉性寒，有舒筋益氣、理胃消食、通經絡、散諸熱、清熱、滋陰之功，可治療跌打損傷。

✓ 螃蟹的食用宜忌

✓ 一般人士皆可食用。

✓ 螃蟹宜和荷葉、香芹、薑、醋同食。

✗ 蟹肉食用時要徹底加熱，否則易導致急性胃腸炎或食物中毒。

✗ 死蟹、生蟹及涼蟹，存放已久的熟蟹不宜食用。

✗ 患有傷風、發熱、胃痛、腹瀉以及消化道有炎症的人最好不吃蟹。

✗ 慢性胃炎、十二指腸潰瘍、膽囊炎、膽結石、肝炎患者忌食。

✗ 患有冠心病、高血壓、動脈硬化、高脂血症的人不應吃蟹黃，否則會加重病情。

選購技巧：選購河蟹時，最好選擇青灰色、蟹螯和蟹腿完整、飽滿的螃蟹。

儲存竅門：如果選購的螃蟹多，吃不完，最好用浴缸養起來。浴缸一定要夠深，避免螃蟹爬出來。這樣大約可以保存1星期左右。

➕ 螃蟹的搭配宜忌

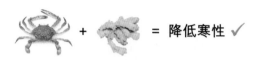

+ = 降低寒性 ✓

螃蟹性寒，是寒利之物；薑性溫，味辛，是溫熱之物。兩者搭配食用，薑能夠起到暖胃、溫補的作用，從而化解螃蟹的寒性，避免食用螃蟹後，寒性太強而對人體成的傷害。

+ = 增加營養 ✓

螃蟹性寒，容易使人發冷；醋有殺菌消毒的作用。兩者搭配食用，醋能降低螃蟹的寒性，並且使螃蟹肉質更加細膩而美味。

+ = 營養流失 ✗

螃蟹含有豐富的蛋白質；石榴中含有豐富的鞣酸。兩者搭配食用，會使鞣酸和蛋白質發生反應，降低螃蟹中蛋白質的營養價值，造成營養物質的流失。因此，應避免兩者搭配食用。

+ = 胃腸不適 ✗

螃蟹性寒，味鹹，是冷寒之物；花生富含油脂，是油膩之物。油膩之物遇到冷寒之物，容易引起人體腹瀉。因此，應盡量避免將螃蟹和花生搭配食用。

🍴 螃蟹的營養吃法

清蒸螃蟹

材料：

螃蟹1隻，料酒6g，
薑10g，醋20g，白糖10g，麻油少許。

做法：

將螃蟹清洗乾淨，用料酒醃製30分鐘；薑洗淨切成末和醋、白糖、麻油攪拌做調味料備用。在鍋中加水，放入蒸籠，水開後放入螃蟹蒸製15~20分鐘即可取出，佐以準備好的調味料食用即可。

功效：

螃蟹味道鮮美，肉質細嫩，用於跌打筋骨損傷，產後腹痛瘀血不下。

螃蟹的營養元素表(每100g)

★ 脂肪 2.6g	★ 鈣 126mg
★ 蛋白質 17.5g	★ 鐵 2.9mg
★ 維他命E 6.1mg	★ 鋅 3.68mg
★ 維他命B₃ 1.7mg	

10 防病治病 花生

健脾和胃、防治「三高」

■ 別稱
落花生、地果、唐人豆

■ 性味
性平，味甘

■ 食用功效
潤肺化痰、滋陰調氣、防治高血壓

✓ 適宜人士：一般人均可
✗ 不適宜人士：腸胃疾病或皮膚油脂分泌旺盛者等

✦ 花生的防病治病功效

1 防病強身

花生富含蛋白質和脂肪油，是供給身體能量，增強抵抗力，促進生長發育的重要物質。

2 防治動脈硬化和心腦血管病

花生含有白藜蘆醇，這是一種生物活性很強的天然多酚類物質。這種物質是預防和治療動脈粥樣硬化、心腦血管疾病的化學預防劑。

花生含有維他命C，其中的不飽和脂肪酸有降低人體膽固醇的作用，有助於防治動脈硬化、高血壓和冠心病。

3 止血

花生含有維他命K，維他命K有止血作用。花生紅色外皮的止血作用比花生仁高出很多倍，對出血性疾病有良好的療效。

✚ 花生的搭配宜忌

= 通乳調氣 ✓

花生含有豐富的脂肪、蛋白質和維他命，有滋陰調氣的作用；豬蹄含有豐富的膠原蛋白和鈣質，有強身健體、通乳調氣的功效。兩者搭配食用，富含營養，很適合產婦調養身體。

= 腹瀉 ✗

花生富含油脂；青瓜性寒，是滑利食物，和油脂食物搭配食用，易引起人體腹瀉。因此，盡量避免兩者同食。尤其是腸胃功能不好者，更應禁忌食用。

花生的營養元素表(每100g)

★ 脂肪 44.3g
★ 蛋白質 24.8g
★ 纖維素 5.5g
★ 維他命C 2mg
★ 維他命E 18.9mg
★ 維他命B_3 17.9mg
★ 鈣 39mg

第六章 ---- 防病治病食物 Top 20，吃對百病消

11 防病治病

蝸牛肉

清熱解毒、平喘理氣

- **食用功效**
消腫止痛、平喘理氣、促進消化

- **別稱**
水牛兒

- **性味**
性寒，味鹹

✓ **適宜人士**：咽喉腫痛者以及癰腫、痔瘡患者等

✗ **不適宜人士**：脾胃虛寒、腹瀉者等

✦ 蝸牛肉的防病治病功效

1 預防智力發育遲緩

蝸牛肉含有谷氨酸和天冬氨酸，能夠增強人體腦細胞的活力，對於發育期的孩子來講，食用一些可以起到補腦的作用。對於預防兒童智力發育遲緩以及認知障礙症等症有很好的作用。

2 消腫利尿、平喘

蝸牛肉性寒，含有大量氨基酸、維他命以及微量元素等。有清熱解毒、消腫利尿、平喘的作用。

3 防治糖尿病、咽炎、腮腺炎等

蝸牛肉性寒，味鹹，有清熱、消腫、利尿等多種功效。可以防治糖尿病、咳嗽、咽炎、腮腺炎、痔瘡、動物咬傷等很多種疾病，也是滋補身體的保健佳品。

4 防治消化不良

蝸牛肉含有生物催化劑——酶，能幫助人體消化。

✚ 蝸牛肉的搭配宜忌

 = **補中益氣** ✓

蝸牛肉含有豐富的蛋白質和微量元素，有消腫止痛、平喘理氣的作用；香菇中含有豐富的蛋白質和微量元素。兩者搭配食用，有補中益氣、生津利水的功效。

 = **身體不適** ✗

蝸牛肉性寒，味鹹，是清熱敗火的寒性食物；羊肉性溫，味甘鹹，是溫熱助火之物。兩者性溫功效不同，不宜搭配食用，會出現身體不適等情況。因此，應盡量避免將蝸牛肉和羊肉搭配食用。

蝸牛肉的營養元素表(每100g)

★ 水分 82.8g
★ 脂肪 1.4g
★ 蛋白質 9.9g
★ 碳水化合物 4.4g
★ 鈣 122mg
★ 磷 145mg

★ 鐵 2.4mg

12
治病功效

鯉魚

益氣健脾、利水通乳

■ 別稱
拐子、鯉子

■ 性味
性平，味甘

■ 食用功效
利水消腫、
下氣通乳

✓ 適宜人士：一般人均可

✗ 不適宜人士：尿頻、遺尿者

鯉魚的防病治病功效

1 預防夜盲症

鯉魚的視網膜上含有大量的維他命A，每100g鯉魚含維他命A 25μg。維他命A有助於提高人在黑暗中的視力，對於預防夜盲症有重要的作用。因此，鯉魚對眼睛明目的效果特別好，視力有問題的人可以多食用，有助於緩解症狀。

2 防治動脈硬化、冠心病

鯉魚的脂肪富含不飽和脂肪酸，有助於降低膽固醇，防治動脈硬化、冠心病，對於人體健康起著很重要的作用。尤其適合老年人食用。

3 防治水腫型疾病等

鯉魚味甘、性平，有消除黃疸、鎮靜、利水消腫的作用，適用於水腫、咳嗽、胎動不安、小兒驚風、癲癇等病症。

4 預防發育遲緩

鯉魚含有豐富的維他命A和鈣質。每100g鯉魚含維他命A 25μg、含鈣約50mg。維他命A是兒童生長發育的重要物質；鈣有助於兒童骨骼的發育和強健，預防兒童出現骨質疏鬆、佝僂病等病。

鯉魚的食用宜忌

✓ 一般人士均可食用。

✓ 食慾低下、身體疲憊、情緒低落者宜食。

✓ 男性食用雄性鯉魚有助於補腎。

✗ 鯉魚脊上兩筋及黑血不可食用。

✗ 燒焦的鯉魚禁忌食用。

✗ 反復加熱或者烹調的鯉魚禁忌食用。

✗ 尿頻、遺尿者不宜。

選購技巧：選購鯉魚的時候，最好選擇活躍新鮮的。新鮮的鯉魚一般眼睛發亮，較凸。

儲存竅門：鯉魚要現買現食，避免食用存放時間過長的鯉魚。如果買的鯉魚很多，需要存放，最好將鯉魚宰殺乾淨後，放在冰箱的冷凍室內儲存。

第六章 ---- 防病治病食物 Top 20，吃對百病消

 ＋

= **降低寒性** ✓

= **營養流失** ✗

鯉魚富含多種營養，有健脾養胃、利尿消腫的作用；紅豆也是利尿消腫的良好食物。兩者搭配食用，營養豐富，對於脾虛水腫、妊娠水腫、慢性腎炎水腫等症有很好的食療作用。

鯉魚性寒，味甘，有利水消腫的作用；甘草有清熱解毒、袪痰止咳的作用。兩者搭配食用，會產生毒素，對人體健康不利。因此，應避免食用。這點在日常生活中很容易被忽視，需要注意。

 ＋

= **增加營養** ✓

= **寒熱** ✗

鯉魚富含營養，有補脾健胃、生乳的作用；黃芪有補血益氣的功效。兩者搭配食用，能夠起到通乳、生乳的作用。適合產後氣血不足引起的乳汁不足等症。

鯉魚性寒，味甘，是寒性食物；雞肉性溫，味甘，是溫補之物。兩者性味相反，搭配食用，對人體健康不利。因此，應避免將鯉魚和雞肉搭配食用。

🍴 鯉魚的營養吃法

清蒸鯉魚

材料：

鯉魚1條，老抽2茶匙，料酒、鹽、白糖、油適量。

做法：

將鯉魚處理乾淨，魚身開花刀，用料酒醃製半小時左右。然後放入熱油中烹炸2分鐘取出，撒上料酒、老抽、白糖、鹽等調味料後，放入蒸鍋中再蒸5~8分鐘即可。

功效：

有益氣健脾、利水消腫的功效。

鯉魚的營養元素表(每100g)

★ 脂肪 4.1g	★ 維他命B₃ 2.7mg
★ 蛋白質 17.6g	★ 鈣 50mg
★ 維他命A 25μg	★ 鐵 1mg
★ 維他命E 1.27mg	

13 治病功效
高粱米
溫中理氣、預防骨質疏鬆

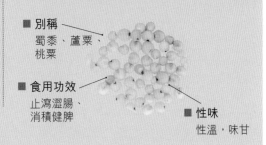

■ **別稱**
蜀黍、蘆粟、桃粟

■ **食用功效**
止瀉澀腸、消積健脾

■ **性味**
性溫，味甘

✓ **適宜人士**：一般人皆可
✗ **不適宜人士**：大便燥結及便秘者

✦ 高粱米的防病治病功效

1 預防骨質疏鬆

經常食用高粱米有利於補充體內鈣質的消耗，起到強健骨骼的作用。對防治中老年人的骨質疏鬆有一定的幫助。

2 治療腹瀉

改善體虛諸症。高粱米的主要功效是補氣、健脾、養胃、止瀉，特別適用於小孩消化不良、脾胃氣虛、大便稀溏等不良症狀，患有慢性腹瀉的患者常食高粱米粥可有明顯療效。大便乾燥者少食。

3 預防「癩皮病」

高粱米蛋白質中賴氨酸含量最低，但蛋白質的含量豐富；高粱米的維他命B_3含量雖然不多，但易被人體所吸收。因此，對癩皮病、消化不良、便溏、腹瀉等症有很好的食療作用。

✓ 高粱米的搭配宜忌

 + = 健脾益胃 ✓

冰糖有潤肺止咳、清痰去火的作用；高粱米含有豐富的蛋白質和維他命，有益脾溫中、促進消化的作用。高粱米和冰糖熬粥食用，有健脾益胃、促進消化、生津止渴的功效。

 + = 肝火旺盛 ✗

高粱米性溫，味甘，有溫中利氣、止泄澀腸的作用；附子性溫，味辛，是溫熱助火之物。兩者搭配食用，易使人體肝火旺盛，氣血調節失衡，容易出現頭暈、口苦、易怒、口臭、睡眠不穩定、身體煩熱等症狀，對人體健康不利。因此，應避免將高粱米和附子搭配食用。

高粱米的營養元素表(每100g)

★ 脂肪 3.2g	★ 鎂 129mg
★ 蛋白質 10.4g	★ 鈣 22mg
★ 纖維素E 1.88mg	★ 鐵 6.3mg
★ 核黃素 0.1mg	

14
防病治病

南瓜

潤肺益氣、驅蟲解毒

- **別稱**
  番瓜、倭瓜、金瓜

- **性味**
  性溫,味甘

- **食用功效**
  化痰排膿、驅蟲解毒

- ✓ **適宜人士**:一般人均可
- ✗ **不適宜人士**:腳氣、黃疸患者等

✦ 南瓜的防病治病功效

1 預防心血管疾病

南瓜含有的維他命E以及果酸,有預防膽固醇沉澱體內,降低血脂的作用,有利於減少心血管疾病。

2 解毒防癌

南瓜含有豐富的維他命和果膠,果膠能夠吸附人體內的細菌毒素和其他有害物質,加速胃腸蠕動和排泄,能起到很好的解毒和預防腸癌等作用。另外,南瓜還含有一種分解亞硝酸胺的酶,有利於預防癌症。

3 防治糖尿病、降低血糖

有一種日本的「裸仁南瓜」有一定的降低血糖,預防糖尿病的作用。目前市面上的南瓜含糖量高,糖尿病患者不宜多吃。

4 治療前列腺增生

南瓜籽含有不飽和脂肪酸和豐富的維他命B_5,在治療前列腺增生中有特殊的作用。

✓ 南瓜的食用宜忌

- ✓ 一般人士皆可食用。
- ✓ 尤適用於中老年人和肥胖者。
- ✓ 南瓜宜與綠豆同食,可清熱生津。
- ✓ 南瓜宜與豬肉同食,可增加營養、降血糖。

- ✗ 南瓜存放時間不宜過長,否則食後易引起中毒。
- ✗ 吃南瓜前一定要仔細檢查,表皮有潰爛之處或切開後散發出酒精味道者不可食用。
- ✗ 南瓜最好不與羊肉同食。
- ✗ 腳氣、黃疸患者忌食。

- **選購技巧**:選購南瓜時,最好選擇新鮮、硬實的南瓜。外表腐爛的南瓜切忌食用。

- **儲存竅門**:南瓜易儲存,常溫的狀況下,一般可以存放1~2個月的時間。需要注意的是,南瓜儲存的時候,盡量避免將南瓜碰破皮,否則不易儲存。

➕ 南瓜的搭配宜忌

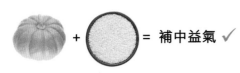 = 補中益氣 ✓

　　南瓜含有豐富的維他命，有潤肺益氣、止咳除煩、驅蟲解毒的作用；糯米含有豐富的蛋白質，有補中益氣的作用。兩者搭配食用，能增強其補中益氣功效，很適合體質虛弱者食用。

 = 清熱解毒 ✓

　　南瓜有潤肺益氣、驅蟲解毒的作用；綠豆有清熱解毒的功效。兩者搭配食用，營養豐富，並且有補中益氣、清熱解毒的作用，是夏季很好的食品。

 = 補益五臟 ✓

　　南瓜營養豐富，有補中益氣、強健筋骨的功效，和補腎益氣的牛肉搭配，有補益五臟、強筋壯骨、解毒止痛的作用，適用於體質虛弱者。

 = 消化不良 ✗

　　南瓜性溫，味甘，具有補中益氣之功效；羊肉為大熱之品，具有補虛祛寒、溫補氣血、益腎補衰之功效。二者皆為補益之品，但是同時進食，可導致消化不良、腹脹腹痛，應慎重搭配。

🍴 南瓜的營養吃法

南瓜炒山藥

材料：

山藥200g，南瓜300g，鹽、蔥、薑各適量。

做法：

山藥洗淨去皮切片，南瓜去皮洗淨切片。蔥、薑洗淨切碎；燒開半鍋水，將山藥、南瓜灼一下，瀝乾備用；鍋內放入蔥花、薑末爆香一下，然後放山藥翻炒，炒至五成熟時，加入南瓜、鹽煮至熟即可。

功效：

可以清熱解毒、美容養顏、潤肺益氣。

南瓜的營養元素表(每100g)

★ 脂肪 0.1g	★ 維他命B₃ 0.4g
★ 蛋白質 0.7g	★ 鈣 16mg
★ 纖維素 0.8g	
★ 維他命C 8mg	

15 防病治病 蓮藕

生津涼血、通便止瀉

■ 別稱
蓮菜、蓮根、藕瓜

■ 性味
性溫，味甘

■ 食用功效
補脾益血、生肌、止瀉

✓ 適宜人士：一般人均可

✗ 不適宜人士：脾胃消化功能低下、大便溏泄者

蓮藕的防病治病功效

1 通便止瀉

蓮藕有通便止瀉的作用，將鮮藕搗碎成汁，然後用開水送服，對於急性腸炎有很好的療效。鮮藕中含有很多多酚類物質，對清除人體內的垃圾有很好的作用。

2 消暑清熱

蓮藕還可以消暑清熱，是夏季良好的祛暑食物。熟藕性味由涼變溫，補心生血、健脾開胃、滋養強壯；煮湯飲能利小便、清熱潤肺，並且有「活血而不破血，止血而不滯血」的特點。

3 清涼止血

蓮藕含有豐富的丹寧酸，具有收縮血管和止血的作用，對於瘀血、牙血、衄血、尿血、便血的人，以及產婦、白血病患者極為適合，可以用來治療熱性病症。

4 補血

在根莖類食物中，蓮藕含鐵量較高，故對缺鐵性貧血的病人頗為適宜。古醫稱：「主補中養神，益氣力。」蓮藕的含糖量不算很高，又含有大量的維他命C和膳食纖維，對於患有肝病、便秘、糖尿病等虛弱之症的人都十分有益。

蓮藕的食用宜忌

✓ 一般人都可食用。

✓ 腹瀉、胃口欠佳、口乾渴者食用尤佳。

✓ 缺鐵性貧血、營養不良者宜多食用。

✗ 肥胖者應少食。

✗ 藕性偏涼，故產婦不宜過早食用，一般產後1~2周後再吃藕可以逐瘀。

✗ 煮藕的時候需忌用鐵器，以免引起食物發黑。

✗ 脾胃消化功能低下、大便溏泄者不宜生吃。

• 選購技巧：短粗的蓮藕澱粉含量高，適宜燉煮。細長的蓮藕脆嫩汁多，適合涼拌或清炒。

• 儲存竅門：儲存蓮藕，最好選擇陰涼、乾燥的地方。將蓮藕放在5℃左右的環境中，可以儲存3~4個月的時間。需要注意的是，儲存蓮藕時，盡量輕拿輕放不要碰傷。

🞢 蓮藕的搭配宜忌

 + = **益精補血** ✓

　　蓮藕有生津止渴、養胃消食的作用；排骨含有豐富的蛋白質、維他命、磷酸鈣以及骨膠原等，很適合老人和兒童補鈣食用。兩者搭配食用，有益精補血、強健骨骼的作用。

 + = **營養流失** ✗

　　大豆含有豐富的鐵質；蓮藕中含有豐富的膳食纖維。兩者搭配食用，會造成鐵質的流失，降低食物的營養價值。因此，應盡量避免將蓮藕和大豆放在一起食用。

 = **滋陰養血** ✓

　　蓮藕有生津止渴、除煩去燥、養胃消食的作用；糯米有補中益氣的功效。兩者搭配食用，熬製成粥，有補中益氣、滋陰養血的作用。老婦幼孺、體弱多病者尤宜，但是脾胃消化功能低弱者不宜食用。

 = **營養流失** ✗

　　蓮藕的纖維素中含有大量的醛糖酸；豬肝中含有大量銅、鐵等微量元素。兩者搭配食用，會使醛糖酸和銅、鐵發生反應，影響人體對鐵質的吸收，造成營養物質的流失。

🍴 蓮藕的營養吃法

涼拌蓮藕

材料：

蓮藕1個，薑2片，葱1棵，蒜3瓣，鹽、醋適量。

做法：

薑、葱、蒜洗淨切末；蓮藕洗淨切片，用開水灼熟後用涼水浸泡一段時間，取出裝盤後，加入調味料涼拌即可。

功效：

生津涼血、補脾益血。

蓮藕的營養元素表(每100g)	
★ 脂肪 0.2g	★ 維他命B₃ 0.3mg
★ 蛋白質 1.9g	★ 鈣 39mg
★ 纖維素 1.2g	★ 鉀 243mg
★ 維他命A 3μg	

第六章 ---- 防病治病食物 Top 20，吃對百病消

16
防病治病

馬蹄

涼血解毒、利尿通便

✓ 適宜人士：一般人皆可
✗ 不適宜人士：脾腎虛寒和有血瘀者等

- 別稱
  馬蹄、
  地栗

- 性味
  性寒，味甘

- 食用功效
  利尿通便、
  清熱瀉火、
  美容養顏

✦ 馬蹄的防病治病功效

1 防治急性傳染病

馬蹄有預防急性傳染病的功能，在麻疹、流行性腦膜炎較易發生的春季，馬蹄是很好的防病食品。可以給兒童或者身體虛弱的老人多吃些馬蹄。

2 滅菌消炎、降血壓

馬蹄中含有一種叫「馬蹄英」的物質，這種物質對金黃色葡萄球菌、大腸桿菌、產氣腸桿菌及綠膿桿菌均有一定的抑制作用，對降低血壓也有一定效果。

3 防治糖尿病

馬蹄汁多質嫩，含有大量的澱粉、粗蛋白以及粗脂肪，有潤腸通便的功能。並且馬蹄多汁，可生津止渴，有助於防治糖尿病患者的多尿症，還可以緩解便秘的症狀。

4 防治尿道疾病

馬蹄對小便淋瀝、尿道感染等疾病也有一定的防治作用。將馬蹄熬製成汁飲用，有殺菌消炎、利尿排淋的作用，可以防治尿道疾病，但一定要煮熟後食用。

✓ 馬蹄的食用宜忌

✓ 馬蹄是大眾食品，兒童和發熱患者最宜食用。

✓ 食用馬蹄既能清熱生津，又可以補充營養，發熱患者可以多吃。

✓ 咳嗽多痰、咽乾喉痛、大小便不利、高血壓、便秘、癌症患者也可多食。

✓ 馬蹄有預防急性傳染病的作用，春季宜常食馬蹄。

✗ 馬蹄屬生冷食物，脾腎虛寒和有血瘀者忌食。

✗ 老人每次宜吃10個左右，不宜多吃。

選購技巧：馬蹄要挑選個頭比較大一點的，還要新鮮，大的馬蹄保存的時間長。

儲存竅門：馬蹄放置的時候，最好存放在陰涼乾燥的地方。如果要存放更長的時間，一定要放在冰箱的冷藏室裏保存，可保存3天左右，最好現吃現買。

➕ 馬蹄的搭配宜忌

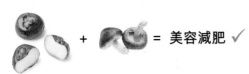 = 美容減肥 ✓

馬蹄含有豐富的維他命、粗蛋白，有涼熱解毒、清熱瀉火的作用；香菇含有多種維他命和礦物質，能夠促進人體的新陳代謝，有補氣強身的作用。兩者搭配食用，是減脂的一道上佳菜品。

 = 清熱祛燥 ✓

馬蹄汁多質嫩，可生津止渴、清熱解毒；雪梨也有生津止渴、清熱除煩的作用。兩者搭配熬汁飲用，能清熱祛燥，是春秋乾燥季節不可多得的上好飲品。

 = 清熱解毒 ✓

馬蹄有清熱解毒、利尿通便的功效；當歸有補血活血、潤腸通便的作用。兩者搭配，有清熱解毒、健脾利濕的功效。適於咽喉腫痛、心煩口渴者食用。

 = 傷害脾胃 ✗

馬蹄性寒，西瓜也偏涼性，因此兩者不要放在一起食用，否則會造成脾胃氣受損，引起胃痛等症狀的發生。此外，除了西瓜，一切寒性的東西都盡量不要和馬蹄搭配一起吃，或者盡量少吃。

🍴 馬蹄的營養吃法

紅棗馬蹄湯

材料：

紅棗15g，馬蹄30g，豆腐絲（豆腐皮）10g、鹽、麻油適量。

做法：

將馬蹄去皮後清洗乾淨，紅棗用清水沖洗淨；將紅棗、馬蹄放入裝有清水的鍋中煮，水開後放入豆腐絲再燉半小時，然後加入鹽、麻油等調味料即可。

功效：

清熱化痰、開胃消食、生津潤燥、涼血解毒、利尿通便、清熱瀉火、降血壓。

馬蹄的營養元素表(每100g)

* ★ 脂肪 0.2g
* ★ 蛋白質 1.2g
* ★ 纖維素 1.1g
* ★ 維他命C 7mg
* ★ 維他命E 0.65mg
* ★ 核黃素 0.02mg
* ★ 鐵 0.6mg

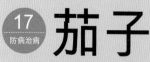

17
防病治病

茄子

活血化瘀、止痛消腫

- **別稱**
  落蘇、
  茄瓜

- **性味**
  性涼，
  味甘

- **食用功效**
  清熱消腫、
  寬腸通便、
  預防癌症

✓ **適宜人士**：一般人均可

✗ **不適宜人士**：脾胃虛寒、哮喘患者

✦ 茄子的防病治病功效

1 防治腸胃病

茄子對慢性胃炎及胃炎水腫等有一定的治療作用。茄皮中含有色素茄色甙、紫蘇甙等。現代醫學研究證明，上述物質具有一定的生物活性，對人體有很好的保健作用。

2 抗氧化、防癌

茄子具有抗氧化功能，可預防皮膚老化、皮膚乾燥症以及口腔黏膜等症。還有預防消化系統腫瘤的作用。

3 防治血管疾病

茄子富含維他命P，可軟化微細血管，防止小血管出血，對高血壓、動脈硬化、咯血、紫癜（皮下出血、瘀血）及壞血病均有一定的防治作用。同時也能降低血液中膽固醇含量，預防動脈硬化，可調節血壓，保護心臟。

✓ 茄子的食用宜忌

✓ 一般人士皆可食用。

✗ 油炸茄子會造成維他命P大量損失，掛糊上漿後炸製能減少這種損失。

✗ 秋後的老茄子含有較多茄鹼，對人體有害，不宜多吃。

✗ 手術前不宜食用茄子，會導致麻醉劑無法被正常分解，拖延患者蘇醒的時間。

✗ 肺結核患者忌食茄子。

✗ 茄子性涼，體弱胃寒的人不宜多吃。

- **選購技巧**：選購茄子最好選擇肉質比較緊密，皮較薄的茄子，這樣的茄子一般口味較佳。

- **儲存竅門**：茄子放置時間太長容易造成水分流失，影響口味。因此，茄子不宜放置太長時間食用，最好現買現食。另外，切過的茄子用水清洗一遍，也可以避免茄子發黑。

✚ 茄子的搭配宜忌

茄子 + 苦瓜 = 美容減肥 ✓

　　茄子含有豐富的維他命、微量元素等營養物質；苦瓜中也含有豐富的營養物質。兩者搭配食用，能夠增加食物的營養，促進新陳代謝，還有利於美容減肥。

茄子 + 螃蟹 = 腹痛、腹瀉 ✗

　　茄子性寒，食用過多，容易引起人體腹痛；螃蟹性寒，也是冷寒之物。兩者搭配食用，容易傷人體腸胃，引起腹瀉。因此，應盡量避免將茄子和螃蟹搭配食用。

茄子 + 羊肉 = 滋補身體 ✓

　　茄子富含維他命P，屬水溶性維他命，人體無法自身合成，可軟化微細血管，防止小血管出血，對高血壓、動脈硬化、咯血等有一定的食療作用；羊肉富含營養，有利於滋補身體。兩者搭配食用，營養豐富，而且有助於預防心血管疾病。

茄子 + 田螺 = 消化不良 ✗

　　茄子性寒，食用過多，容易引起人體腹痛；田螺性寒，食多容易引起人體腹瀉。兩者搭配食用，寒上加寒，易使人腹脹或者腹瀉。因此，應避免將茄子和田螺搭配食用。腸胃不適者更應注意。

🍴 茄子的營養吃法

麻香茄子

材料：

茄子1個，香葱1棵，薑2片，番茄醬、麻椒、鹽、花生油適量。

做法：

茄子洗淨去皮，用刀切成小條；香葱洗淨切碎；放入花生油，爆香薑片、麻椒，然後倒入茄條翻炒；茄子快熟時，淋入番茄醬，加入調味料出鍋，然後撒上香葱即可。

功效：此菜口味香軟，清熱消腫、寬腸通便。

茄子的營養元素表(每100g)	
★ 脂肪 0.2g	★ 維他命C 5mg
★ 蛋白質 1.1g	★ 維他命E 1.13mg
★ 纖維素 1.3g	★ 鈣 24mg
★ 維他命A 8μg	

第六章 --- 防病治病食物 Top 20，吃對百病消

18
防病治病

鴨蛋

滋陰清熱、止咳潤肺

■ 別稱
鴨卵

■ 性味
性涼，味甘

■ 食用功效
生津益胃、
清肺、豐肌
除熱

✓ 適宜人士：陰虛火旺者

✗ 不適宜人士：脾陽不足、寒濕下痢者

✦ 鴨蛋的防病治病功效

1 預防骨質疏鬆

鴨蛋含鈣量很高，鹹鴨蛋含量更高，約為鮮雞蛋的10倍，特別適宜於骨質疏鬆的中老年人食用。鴨蛋的各種礦物質總量超過雞蛋很多，對骨骼發育有益。

2 止咳養肺

中醫認為，鴨蛋性涼味甘、鹹，有滋陰清熱的作用，對於上火引起的疾病和便秘有很好的治療作用。可以用來防治肺熱、咳嗽、大便乾結等症狀。

3 治療牙痛

鴨蛋有養陰、清肺、止痢的功效，還有清熱去火的功能，能夠治療上火引起的牙痛。另外，鴨蛋有大補虛勞、潤肺美膚的功效。

4 治療濕疹

鹹鴨蛋性涼，兒童多食可治疳積。鴨蛋油外抹可治燙傷、濕疹。鹹鴨蛋很容易被人體吸收，味道鮮美，老少皆宜。

＋ 鴨蛋的搭配宜忌

= 滋陰益腎 ✓

鴨蛋有滋陰清熱、生津益胃的作用；豆腐含有豐富的鈣質。兩者搭配食用，富含營養，味道鮮美，並且清淡可口，很適合燥熱上火者食用。

 +

= 脾胃虛寒 ✗

鴨蛋性寒，味甘；桑葚也是寒性的食物。兩者搭配食用，會加重食物的寒性。食用過多會造成人體不適，尤其是脾胃虛寒者更不能食用。因此，應避免將鴨蛋和桑葚搭配食用。

鴨蛋的營養元素表(每100g)

★ 蛋白質 11.1g	★ 硒 27.4mg
★ 維他命A 192mg	
★ 核黃素 0.3mg	
★ 維他命E 4.5mg	
★ 鈣 34mg	
★ 鐵 4.1mg	

19
防病治病

糯米

補中益氣、滋陰潤肺

- ■ **食用功效**
  補中益氣、
  止虛汗、
  治療尿頻

- ■ **性味**
  性溫，味甘

- ■ **別稱**
  江米

✓ **適宜人士**：一般人均可
✗ **不適宜人士**：濕熱痰火、發熱腹脹者

✦ 糯米的防病治病功效

1 輔助治療尿頻、盜汗

糯米含有大量的營養物質，有利水消腫、通小便、止汗的作用，並且有很好的收澀作用，可以輔助治療尿頻、盜汗，有較好的療效。

2 預防心血管疾病和癌症

糯米中含有大量的膳食纖維，每100g糯米中含纖維素0.8g。纖維素

能夠促進胃腸蠕動，有益於消化，並且有很好的排毒作用。以糯米為原料的糯米酒，有舒筋養血、美容益氣的作用，常飲用還有助於預防心血管疾病和癌症。

3 防治脾胃虛弱、身體乏力

糯米性溫，味甘，含有蛋白質、脂肪、鈣、磷、鐵、維他命B群等多種營養

素，有補脾養胃的作用。對脾胃虛弱、身體乏力等症狀有很好的食療作用。

4 滋陰潤肺

糯米的滋養效果很好，對於肺病患者和神經衰弱的人都有補養作用。

✓ 糯米的食用宜忌

✓ 一般人士皆可食用。
✓ 糯米宜與紅豆、紅棗、蓮子、百合等搭配食用。
✓ 糯米宜煮粥食用。

✗ 糯米性黏滯，難於消化，不宜一次食用過多，脾胃虛弱者慎食。
✗ 發熱、咳嗽、痰黃、黃疸之人忌食。
✗ 糖尿病、體重過重或其他慢性病，如腎臟病、高脂血症患者不宜多食用。

選購技巧：購買糯米的時候，要選擇粒大飽滿、豐腴圓潤、無黑色斑點的糯米。

儲存竅門：糯米的儲存和大米等其他糧食作物一樣，需要放在陰涼、乾燥的地方。

第六章 —— 防病治病食物 Top 20，吃對百病消

➕ 糯米的搭配宜忌

 + = 補脾益氣 ✓

　　糯米含有豐富的維他命與微量元素，有暖脾養胃、補中益氣、利尿的作用；紅棗含有豐富的鐵質和鈣質，有補血養顏的功效。兩者搭配食用，不但有助於補脾益氣，而且還有美容養顏的作用。

 + = 利尿消腫 ✓

　　糯米中的維他命和微量元素含量十分豐富，有養脾、利尿之功效；紅豆也有利尿消腫的作用。兩者搭配食用，可改善脾虛腹瀉和水腫的症狀。

 + = 營養流失 ✗

　　糯米含有豐富的鐵質和鈣質；蘋果中含有大量的鞣酸。兩者搭配食用，會發生反應，產生人體不易消化的物質，影響人體對營養物質的吸收，造成營養流失。

 + = 影響消化 ✗

　　糯米中含有豐富的鐵質；茶葉中含有大量的單寧酸。兩者搭配食用，會使鐵質和單寧酸發生反應，產生人體不易消化的物質，影響人體對鐵質的吸收，造成營養物質的流失。

🍴 糯米的營養吃法

紅豆糯米粥

材料：

紅豆20g，糯米60g，冰糖少許。

做法：

將紅豆、糯米淘洗乾淨，水燒開之後，放入紅豆和糯米煮粥，煮粥要順着一個方向攪動，粥的口感才會好。粥熟之後，加入冰糖調味即可。

功效：

此粥口感香甜黏滑，營養豐富，有溫暖脾胃、利水消腫、補中益氣的作用。

糯米的營養元素表(每100g)

★ 脂肪 1g	★ 維他命B₃ 2.3mg
★ 蛋白質 7.3g	★ 鈣 26mg
★ 纖維素 0.8g	★ 鐵 1.4mg
★ 維他命E 1.29mg	

20 防病治病

魷魚

滋陰養胃、補血

- **別稱**
  柔魚、槍烏賊

- **食用功效**
  補虛潤膚、維持骨骼
  牙齒健康、預防貧血
  和心血管疾病

- **性味**
  性寒，味鹹

✓ **適宜人士**：一般人皆可，尤其是骨質疏鬆者

✗ **不適宜人士**：腸胃消化不良以及皮膚過敏者等

✦ 魷魚的防病治病功效

① 預防貧血和骨質疏鬆

魷魚含有豐富的鈣、磷、鐵元素，其中鈣對骨骼生長發育有很重要的作用，可以預防人體骨質疏鬆。鐵是製造紅血球的重要營養元素，對造血十分有益，可預防貧血。

② 保護肝臟

魷魚除含有人體所需的氨基酸外，還含有大量的牛磺酸。牛磺酸可預防疾病，緩解疲勞，恢復視力，改善肝臟功能，有助於肝臟解毒、排毒功能，對肝臟疾病也有很好的食療作用。

③ 對抗癌症

魷魚含有維他命E、硒元素、蛋白質等很多營養成分，不僅能為人體提供豐富的營養，還可以提高人體免疫力，能有效地預防正常細胞發生癌變，在日常飲食中要適當地食用。

✓ 魷魚的食用宜忌

✓ 一般人士皆可食用。

✓ 魷魚適宜和黑木耳、香菇同食。

✗ 皮膚過敏、消化不良者避免食用。

✗ 脾胃虛寒者少食或者忌食魷魚。

✗ 高脂血症、動脈硬化者忌食。

✗ 濕疹、皮膚過敏者忌食。

選購技巧：選購魷魚時，如果要選購鮮魷魚，最好選擇新鮮充滿活力的魷魚。如果要選擇乾魷魚，要選擇顏色正常、聞起來沒有酸鹼味的魷魚。市場上存在很多的乾魷魚，是經過燒鹼泡發過的，食用後對人體健康不利，應避免選擇。

儲存竅門：魷魚常溫下宜變質，不宜存放。如果需要存放魷魚，需要用保鮮袋包裹，放在冰箱的冷凍室儲存。需要食用時，再拿出來解凍。

魷魚的搭配宜忌

 = 促進鈣吸收 ✓

魷魚含有豐富的脂肪；香菇含有豐富的維他命D。兩者搭配食用，會促進人體對維他命D的吸收，有利於人體對鈣質的吸收，從而可以預防骨質疏鬆症。

 = 健腦益智 ✓

魷魚含有豐富的維他命B群，豆腐含有維他命B群的同時，還含有豐富的色氨酸。兩者搭配食用，有健腦益智的作用，有助於維持消化、皮膚和神經系統的健康。

 = 引發疾病 ✗

魷魚含有大量的鈉，醬油中含鈉量也很高。兩者搭配食用，人體會因食用太多鹽分，而給腎臟造成負擔，長期食用，還會引發一些疾病。因此，應盡量避免經常將兩者搭配食用。

  = 消化不良 ✗

魷魚含有豐富的蛋白質；茶葉中含有大量的單寧酸。兩者搭配食用，會使單寧酸和蛋白質發生反應，生成人體不易消化的物質，從而影響人體對蛋白質的吸收，不利於身體健康。

魷魚的營養吃法

青菜炒魷魚

材料：

魷魚200g，青菜100g，泡紅椒50g，薑、鹽、生抽、料酒各適量。

做法：

魷魚去內臟、去黑膜，洗淨，切開攤平，切十字花刀；青菜洗淨；泡紅椒切段。鍋中加入適量油燒熱，放入薑絲、泡紅椒煸炒出香味，加入魷魚爆炒2分鐘。然後加入青菜、料酒繼續翻炒，調入鹽、生抽，裝盤即可。

功效：

滋陰養胃、補虛潤膚。

魷魚的營養元素表(每100g)

★ 脂肪 0.8g	★ 鐵 0.5mg
★ 蛋白質 17g	★ 鈉 134mg
★ 維他命E 0.94mg	★ 硒 155μg
★ 核黃素 0.03mg	
★ 鈣 43mg	

附錄

附錄1：100種健康食物速查表

附錄2：健康食物營養功效速查表

附錄3：營養元素分類表

附錄4：100種健康食物筆劃索引

附錄1：100種健康食物速查表

※100種健康食物速查表※

番茄（P62）	青瓜（P64）	芹菜（P66）	苦瓜（P68）	紅蘿蔔（P70）
蔬菜	蔬菜	蔬菜	蔬菜	蔬菜
■ 美容養顏 ■ 抗衰老	■ 排毒養顏 ■ 清熱降火	■ 潤腸通便 ■ 美容養顏	■ 清熱解毒 ■ 排毒養顏	■ 養顏護膚 ■ 清肝明目
秀珍菇（P105）	椰菜花（P106）	韭菜（P107）	洋蔥（P108）	白蘿蔔（P109）
蔬菜	蔬菜	蔬菜	蔬菜	蔬菜
■ 舒筋活絡 ■ 散寒強身	■ 補腎益精 ■ 強健筋骨	■ 補腎壯陽 ■ 益脾健胃	■ 增強食慾 ■ 益脾健胃	■ 消食行滯 ■ 降氣祛痰
大白菜（P124）	茼蒿（P125）	菠菜（P130）	冬瓜（P131）	金針菇（P133）
蔬菜	蔬菜	蔬菜	蔬菜	蔬菜
■ 清熱利水 ■ 潤腸通便	■ 健肝養胃 ■ 清血養心	■ 補血養顏 ■ 美容減肥	■ 清熱解暑 ■ 利尿通便	■ 養胃補肝 ■ 美體瘦身
銀耳（P160）	黃豆芽（P161）	黑木耳（P162）	蘆筍（P163）	大蒜（P164）
蔬菜	蔬菜	蔬菜	蔬菜	蔬菜
■ 滋陰潤肺 ■ 健腦益智	■ 清熱解毒 ■ 促腦發育	■ 健腦益智 ■ 強化骨骼	■ 清熱解毒 ■ 補腦提神	■ 殺菌解毒 ■ 健腦延年

※100種健康食物速查表※

百合 (P188)	馬齒莧 (P194)	山藥 (P195)	南瓜 (P208)	蓮藕 (P210)
蔬菜	蔬菜	蔬菜	蔬菜	蔬菜
■ 清心潤肺 ■ 解毒防癌	■ 清熱解毒 ■ 散血消腫	■ 益腎強陰 ■ 降血糖	■ 潤肺益氣 ■ 驅蟲解毒	■ 生津涼血 ■ 通便止瀉
茄子 (P214)	蘋果 (P74)	草莓 (P75)	菠蘿 (P76)	奇異果 (P78)
蔬菜	果品	果品	果品	果品
■ 活血化瘀 ■ 止痛消腫	■ 美容養顏 ■ 促進消化	■ 美容養顏 ■ 淡化色斑	■ 排毒美顏 ■ 止渴解煩	■ 利尿通腸 ■ 美容養顏
葡萄 (P110)	石榴 (P111)	芒果 (P112)	木瓜 (P113)	香蕉 (P127)

果品	果品	果品	果品	果品
■ 舒筋活血 ■ 清熱利水	■ 清血養心 ■ 殺菌防癌	■ 養血防癌 ■ 祛風散寒	■ 強體防癌 ■ 舒筋通絡	■ 清熱解毒 ■ 健脾開胃
檸檬 (P128)	柚子 (P135)	火龍果 (P136)	楊梅 (P138)	核桃 (P156)

果品	果品	果品	果品	果品
■ 美體瘦身 ■ 解毒開胃	■ 健脾養胃 ■ 潤腸通便	■ 潤腸解毒 ■ 促進代謝	■ 健脾開胃 ■ 排毒養顏	■ 補腦益智 ■ 滋陰補腎

※100種健康食物速查表※

桃子（P165）	桂圓（P167）	櫻桃（P169）	葵花子（P170）	板栗（P197）
果 品	果 品	果 品	果 品	果 品
■ 補血健腦 ■ 養陰潤燥	■ 補血安神 ■ 健腦益智	■ 調氣活血 ■ 補腦提神	■ 補腦益智 ■ 美容養顏	■ 補脾養胃 ■ 防治腎虛
梨（P198）	紅棗（P190）	花生（P203）	馬蹄（P212）	蝸牛肉（P204）
果 品	果 品	果 品	果 品	肉 蛋
■ 止咳潤肺 ■ 防治呼吸道疾病	■ 溫腎助陽 ■ 益脾健胃	■ 健脾和胃 ■ 防治「三高」	■ 涼血解毒 ■ 利尿通便	■ 清熱解毒 ■ 平喘理氣
豬蹄（P72）	雞肝（P80）	豬紅（P82）	雞蛋（P83）	鴿肉（P96）
				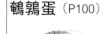
肉 蛋	肉 蛋	肉 蛋	肉 蛋	肉 蛋
■ 淡化色斑 ■ 延緩衰老	■ 排毒養顏 ■ 養氣補血	■ 補血養顏 ■ 益氣健脾	■ 細膩皮膚 ■ 強化骨骼	■ 強身健體 ■ 祛風解毒
驢肉（P97）	羊肉（P98）	鵪鶉蛋（P100）	雞肉（P148）	瘦豬肉（P149）

肉 蛋	肉 蛋	肉 蛋	肉 蛋	肉 蛋
■ 補血安神 ■ 增強抵抗力	■ 補腎壯陽 ■ 強健身體	■ 補脾益氣 ■ 強健骨骼	■ 溫中益氣 ■ 補腎益精	■ 補腎養血 ■ 滋陰養肝

※100種健康食物速查表※

牛肉 (P150)	鵪鶉肉 (P171)	豬肝 (P172)	兔肉 (P174)	烏雞肉 (P192)
肉蛋	肉蛋	肉蛋	肉蛋	肉蛋
■ 補中益氣 ■ 瘦身美體	■ 健腦益智 ■ 溫腎助陽	■ 補肝明目 ■ 健脾益智	■ 補中益氣 ■ 老年人保健	■ 強健骨骼 ■ 防婦科病
鴨蛋 (P216)	海參 (P85)	鯇魚 (P86)	海帶 (P87)	蝦 (P101)
肉蛋	海鮮	淡水魚	海鮮	海鮮
■ 滋陰清熱 ■ 止咳潤肺	■ 益精壯陽 ■ 美顏養生	■ 舒筋活血 ■ 淡化皺紋	■ 清熱利水 ■ 光潔皮膚	■ 益氣壯陽 ■ 清熱解毒
泥鰍 (P103)	鯽魚 (P104)	紫菜 (P115)	海蜇 (P139)	扇貝 (P142)
淡水魚	淡水魚	海鮮	海鮮	海鮮
■ 暖中益氣 ■ 強健骨骼	■ 健脾開胃 ■ 清血養心	■ 強壯骨骼 ■ 補腎利水	■ 清熱解毒 ■ 延緩衰老	■ 滋陰補腎 ■ 健體輕身
田螺 (P143)	沙丁魚 (P175)	鱸魚 (P177)	鱔魚 (P178)	鯧魚 (P180)
海鮮	海鮮	海鮮	海鮮	海鮮
■ 清熱明目 ■ 利尿去腫	■ 健脾養胃 ■ 補腦提神	■ 健腦益智 ■ 舒筋活絡	■ 補氣益血 ■ 健腦益智	■ 安神補腦 ■ 健脾養胃

※100種健康食物速查表※

螃蟹（P201）	鯉魚（P205）	魷魚（P219）	蓮子（P77）	薏仁（P89）
海鮮	淡水魚	海鮮	五穀雜糧	五穀雜糧
■ 清熱解毒 ■ 強筋健體	■ 益氣健脾 ■ 利水通乳	■ 滋陰養胃 ■ 補血	■ 潤腸通便 ■ 美容養顏	■ 祛濕消腫 ■ 抗衰老

黑芝麻（P90）	燕麥（P91）	小米（P116）	大米（P117）	小麥（P118）

五穀雜糧	五穀雜糧	五穀雜糧	五穀雜糧	五穀雜糧
■ 烏髮美顏 ■ 補腦益智	■ 排毒養顏 ■ 延緩衰老	■ 滋養腎氣 ■ 改善失眠	■ 和胃養脾 ■ 補中益氣	■ 養心益腎 ■ 防癌安神

綠豆（P140）	粟米（P144）	番薯（P145）	糙米（P146）	黃豆（P158）

五穀雜糧	五穀雜糧	五穀雜糧	五穀雜糧	五穀雜糧
■ 清熱解毒 ■ 止渴利尿	■ 調中和胃 ■ 利尿減肥	■ 補脾益氣 ■ 潤腸通便	■ 健脾和胃 ■ 排毒養顏	■ 健腦益智 ■ 健脾利濕

黑豆（P181）	黑米（P182）	紅豆（P200）	高粱米（P207）	糯米（P217）
五穀雜糧	五穀雜糧	五穀雜糧	五穀雜糧	五穀雜糧
■ 清熱解毒 ■ 安神補腦	■ 滋陰潤肺 ■ 補腦養心	■ 改善貧血 ■ 防膽結石	■ 溫中理氣 ■ 預防骨質疏鬆	■ 補中益氣 ■ 滋陰潤肺

附錄2：健康食物營養功效速查表

分類	食物名	主要營養素	食物功效
五穀雜糧類	蓮子 [P77]	蛋白質、糖類、膳食纖維、B族維他命、鉀、鈉、鐵、鋅、鈣、鎂、磷	安心寧神、緩解壓力、降低血壓、強健骨骼、防癌抗老、改善失眠
	薏仁 [P89]	蛋白質、脂肪、維他命E、磷、鈉、鉀、鈣、鎂	整腸利胃、除濕益脾、美容養顏、防癌抗癌
	黑芝麻 [P90]	蛋白質、維他命E、脂肪酸、鈣、鐵、鉀	養顏潤膚、烏髮美髮、健腦益智
	燕麥 [P91]	糖類、膳食纖維、B族維他命及維他命E、鎂、鈣、磷、鐵、鋅	補血養顏、預防心血管疾病、強健牙齒和骨骼、促進血液循環
	小米 [P116]	維他命A、維他命E、蛋白質、膳食纖維、鉀、鈣、鎂	安神美容、滋陰養血、開胃健脾、促進發育
	大米 [P117]	蛋白質、糖類、膳食纖維、鉀、鈣、鎂、鐵	補中益氣、健脾養胃、益精強志
	小麥 [P118]	蛋白質、膳食纖維、維他命E、鉀、鈣、鎂、鐵	養心益腎、和血健脾、除煩止血、強身健體
	綠豆 [P140]	蛋白質、膳食纖維、B族維他命、鉀、鈣、鎂、磷、鐵、鋅	清熱解毒、降低膽固醇、瘦身通便、消暑止渴
	粟米 [P144]	B族維他命、蛋白質、糖類、膳食纖維、玉米黃素、鉀、鈣、硒	防癌抗癌、保護眼睛、預防心血管疾病、抗氧化、保護肝臟
	番薯 [P145]	蛋白質、脂肪、維他命A、膳食纖維、鉀、鈣、鎂、磷、鐵、鋅	潤腸通便、防癌抗癌、養肝強身、保護血管
	糙米 [P146]	蛋白質、脂肪、膳食纖維、維他命、鉀、鎂、磷、鐵	潤腸通便、降低「三高」、安神抗癌、提高免疫力
	黃豆 [P158]	蛋白質、脂肪、膳食纖維、維他命、鎂、鈣、鐵、鋅、銅、鉀	健腦益智、養脾解鬱、排毒養顏、防癌抗癌
	黑豆 [P181]	蛋白質、脂肪、膳食纖維、維他命、鉀、鈣、鎂、鐵、鋅	補腎健脾、美容抗衰、解毒養顏、促進消化
	黑米 [P182]	蛋白質、脂肪、維他命E、纖維素、鎂、鈣、鉀、磷、鈉	滋陰補腎、保護血管、健脾暖胃、補血明目
	紅豆 [P200]	蛋白質、脂肪、膳食纖維、B族維他命、鉀、鈣、鎂、磷、鐵、鋅	潤腸通便、利尿降壓、催乳解酒、緩解疲勞
	高粱米 [P207]	蛋白質、脂肪、膳食纖維、維他命、鎂、鈣、鐵、鋅、銅	和胃養脾、止痛養虛、促進發育
	糯米 [P217]	蛋白質、脂肪、膳食纖維、維他命、鉀、鎂、鐵、鋅	益氣補中、強身健體、健脾養胃、舒筋活血

分類	食物名	主要營養素	食物功效
蔬菜類	番茄 [P62]	蛋白質、B族維他命、維他命A、維他命C、葉酸、鉀、鈣、鎂	補血養顏、預防心血管疾病、生津止渴、健胃消食
	青瓜 [P64]	維他命K、維他命E、糖類、膳食纖維、鉀、鈣	利尿通便、潤膚美容、調節新陳代謝、瘦身減重
	芹菜 [P66]	維他命C、蛋白質、脂肪、膳食纖維、鉀、鈣、鐵、鋅	補血養顏、養血補虛、利尿消腫、清熱解毒
	苦瓜 [P68]	苦瓜蛋白、膳食纖維、維他命C、維他命E、鉀、鈣	清熱解毒、排毒養顏、消除疲勞、增強免疫力
	紅蘿蔔 [P70]	糖類、膳食纖維、類胡蘿蔔素、維他命A、B族維他命、鉀、鈣	養顏護膚、清肝明目、潤腸通便、增強免疫力
	秀珍菇 [P105]	蛋白質、脂肪、糖、膳食纖維、鈣、鐵、鋅	舒筋活絡、祛風散寒、強身健體、預防中老年疾病
	椰菜花 [P106]	蛋白質、膳食纖維、胡蘿蔔素、維他命C、鈣、鐵、磷	健脾胃、益筋骨、填腎精、解毒肝臟、防癌抗癌
	韭菜 [P107]	膳食纖維、維他命A、類胡蘿蔔素、維他命C、鉀、鈣、鐵、鋅	溫腎助陽、益脾健胃、行氣理血、潤腸通便、強身健體
	洋蔥 [P108]	硫化合物、硒、維他命B₃、維他命C、胡蘿蔔素、鉀、鈣、硒	增強食慾、潤腸利尿、提高免疫力、排毒抗氧化、增強免疫力
	白蘿蔔 [P109]	蛋白質、膳食纖維、維他命C、鉀、鈣、鐵、鋅	促進消化、清熱解毒、生津止渴、美容減肥
	大白菜 [P124]	維他命C、維他命E、脂肪、膳食纖維、鈣、鉀、硒	平寒無毒、清熱利水、養胃解毒、瘦身美體
	茼蒿 [P125]	脂肪、膳食纖維、胡蘿蔔素、鐵、鈣、鉀、鎂	補脾胃、清血養心、降壓、助消化、利二便
	菠菜 [P130]	脂肪、膳食纖維、維他命C、類胡蘿蔔素、鈣、鐵、鉀	養血、止血、斂陰、美容減肥、保護眼睛、調節新陳代謝
	冬瓜 [P131]	碳水化合物、脂肪、維他命C、鈣、磷、鐵、鋅、鈉	清熱解暑、利尿通便、美容減肥、祛濕消炎
	金針菇 [P133]	維他命C、碳水化合物、脂肪、膳食纖維、鉀、磷、鈣、鐵	補肝補腦、健脾開胃、美容減肥、防癌抗癌
	銀耳 [P160]	脂肪、維他命A、維他命E、鋅、鈣、鉀	滋陰潤肺、補脾開胃、補腦提神、強精補腎
	黃豆芽 [P161]	維他命A、維他命C、脂肪、蛋白質、維他命B₃、鐵、鈣、磷	滋陰清熱、利尿解毒、補腦健腦、補氣養血

分類	食物名	主要營養素	食物功效
五穀雜糧類	黑木耳 [P162]	蛋白質、維他命A、維他命E、脂肪、鈣、鐵、鉀、鎂	養肝護膚、強化骨骼、補腦益智、降低血糖
	蘆筍 [P163]	蛋白質、維他命B_3、維他命A、胡蘿蔔素、維他命C、鉀、鈉	清熱解毒、養神補腦、養血補血、促進胎兒大腦發育
	大蒜 [P164]	維他命B_6、葉酸、維他命C、鋅、硒、鈣	殺菌消毒、預防感冒、抗衰老、降低血糖
	百合 [P188]	脂肪、蛋白質、膳食纖維、維他命、維他命B_3、鈣、鐵	清心潤肺、安神定志、止咳平喘、利大小便
	馬齒莧 [P194]	脂肪、蛋白質、胡蘿蔔素、鈣、鐵、磷、維他命B_2	清熱解毒、散血消腫、利水祛濕、止血涼血
	山藥 [P195]	蛋白質、膳食纖維、維他命E、維他命A、維他命C、脂肪、鉀、鈣	益腎強陰、消渴生津、補益中氣、美容減肥
	南瓜 [P208]	熱量、脂肪、蛋白質、膳食纖維、維他命C、維他命B_3、鈣	潤肺益氣、化痰排濃、驅蟲解毒、治咳止喘
	蓮藕 [P210]	維他命C、脂肪、蛋白質、B族維他命、鈣、磷、鐵	生津涼血、補脾益血、生肌、止瀉、排毒養顏
	茄子 [P214]	維他命A、維他命E、脂肪、膳食纖維、類黃酮素、鉀、鈣	活血化瘀、清熱消腫、寬腸通便、預防癌症
水果類	蘋果 [P74]	維他命C、膳食纖維、有機酸、果膠、維他命E、胡蘿蔔素	排毒瘦身、增強記憶力、促進新陳代謝、保護心臟血管
	草莓 [P75]	維他命C、蛋白質、鞣花酸、果膠、膳食纖維、維他命E、鈣	補血養顏、預防心血管疾病、改善便秘和牙齦出血、防癌抗衰老
	菠蘿 [P76]	膳食纖維、維他命C、維他命B_1、蛋白質、胡蘿蔔素、鈣、鉀	養顏美容、止渴解煩、消腫祛濕、醒酒益氣
	奇異果 [P78]	維他命C、維他命E、膳食纖維、鋅、胡蘿蔔素、鈣、鉀	補血養顏、止渴除煩、利尿通便、預防心血管疾病
	葡萄 [P110]	維他命C、維他命E、維他命A、鈣、鐵、銅、錳	舒筋活血、開胃健脾、強身健體、防癌抗衰老
	石榴 [P111]	蛋白質、維他命C、維他命E、膳食纖維、鈣、鉀、鐵	生津止渴、收斂固澀、提高免疫力、止血明目
	芒果 [P112]	維他命C、蛋白質、糖類、膳食纖維、維他命A、鉀、鈣	益胃止嘔、解渴利尿、強身健體、潤澤皮膚、保護視力
	木瓜 [P113]	維他命C、類胡蘿蔔素、木瓜酵素、木瓜域、鉀、鈉	消暑解渴、潤肺止咳、提高免疫力、通乳消腫
	香蕉 [P127]	蛋白質、膳食纖維、維他命C、脂肪、鉀、鈣	清熱解毒、生津止渴、潤腸通便、瘦身美體

分類	食物名	主要營養素	食物功效
水果類	檸檬 [P128]	碳水化合物、檸檬酸、酒石酸、B族維他命、鈣、鉀	解暑開胃、祛熱化痰、美容減肥、生津止渴、預防心血管疾病
	柚子 [P135]	碳水化合物、脂肪、胡蘿蔔素、維他命C、B族維他命、鉀	健脾養胃、止咳除煩、美容瘦身、治療凍瘡
	火龍果 [P136]	脂肪、蛋白質、維他命C、膳食纖維、鐵、鉀、鎂	潤腸解毒、美容保健、清熱除煩、減肥瘦身
	楊梅 [P138]	維他命C、脂肪、蛋白質、膳食纖維、鈣	健脾開胃、解毒驅寒、生津止渴、消除煩惱
	核桃 [P156]	脂肪、維他命B_3、蛋白質、維他命、鉀、鎂、銅	滋補肝腎、烏髮美容、強健筋骨、溫肺定喘
	桃子 [P165]	碳水化合物、脂肪、維他命C、B族維他命、維他命B_3、胡蘿蔔素	補益氣血、養陰生津、潤燥活血、消除瘀血
	桂圓 [P167]	蛋白質、維他命A、維他命C、胡蘿蔔素、維他命B_3、鉀	補血安神、健腦益智、健脾養胃、補中益氣
	櫻桃 [P169]	維他命A、維他命E、脂肪、蛋白質、維他命B_3、鈣	調氣活血、平肝去熱、補中益氣、益脾養胃、澀精止瀉
	葵花子 [P170]	蛋白質、維他命E、脂肪、鈣、鐵、維他命B_1、葉酸	補虛損、降血脂、治療失眠、增強記憶
	紅棗 [P190]	維他命C、維他命E、蛋白質、脂肪、維他命B_2	補虛益氣、養血安神、美容養顏、降低血清膽固醇
	板栗 [P197]	蛋白質、膳食纖維、維他命C、鈣	補脾健胃、補腎強筋、活血止血、抗衰老
	梨 [P198]	脂肪、蛋白質、膳食纖維、維他命C	清熱生津、除煩止渴、潤燥化痰、潤腸通便
	花生 [P203]	維他命C、維他命E、脂肪、蛋白質、膳食纖維	健脾和胃、潤肺化痰、滋陰調氣、防治高血壓、冠心病
	馬蹄 [P212]	脂肪、蛋白質、維他命C、膳食纖維、維他命B_2、鐵	涼血解毒、利尿通便、清熱瀉火、美容養顏、防治急性疾病
肉蛋類	豬蹄 [P72]	蛋白質、鎂、維他命A、維他命E、鈣、鐵、鉀	增加皮膚彈性、補虛弱、填腎精、通乳
	雞肝 [P80]	鈣、維他命A、維他命C、鐵、維他命E、鎂	補血益氣、滋潤皮膚、清肝明目、補肝益腎
	豬紅 [P82]	蛋白質、鐵、鈣、磷、維他命E、鎂、鉀	排毒養顏、預防失眠多夢、認知障礙症等症
	雞蛋 [P83]	蛋白質、鐵、維他命E、卵磷脂、維他命A、鈣	改善皮膚、強健骨骼、預防認知障礙症、滋陰潤燥

分類	食物名	主要營養素	食物功效
肉蛋類	鴿肉 [P96]	蛋白質、維他命A、膽固醇、維他命E	滋補益氣、袪風解毒、補肝壯腎、促進血液循環
	驢肉 [P97]	蛋白質、維他命A、維他命E、鉀、鐵、鈣	補益氣血、養心安神、強身健體、滋陰壯陽
	羊肉 [P98]	蛋白質、維他命A、鈣、鎂、鉀、鐵	補腎壯陽、開胃健身、養膽明目、補虛溫中
	鵪鶉蛋 [P100]	蛋白質、維他命A、鈣、鉀、磷	補氣益血、強筋壯骨、豐肌澤膚、預防心血管疾病
	雞肉 [P148]	碳水化合物、脂肪、蛋白質、鈣	溫中益氣、補腎填精、養血烏髮、滋潤肌膚
	瘦豬肉 [P149]	脂肪、蛋白質、維他命A、鐵	補腎養血、滋陰潤燥、補虛養肝、抗氧化、增強體力
	牛肉 [P150]	脂肪、蛋白質、維他命A、鐵	補中益氣、滋養脾胃、強健筋骨、消除水腫
	鵪鶉肉 [P171]	維他命A、脂肪、鈣、蛋白質、維他命B₃、維他命E	補五臟、益精血、止瀉痢、溫腎助陽
	豬肝 [P172]	脂肪、維他命B₃、蛋白質、維他命C、鐵、鋅、硒	補肝明目、養血補血、有助於智力發育、消除疲勞
	兔肉 [P174]	脂肪、鈣、蛋白質、維他命B₂、維他命B₃、鐵、磷	補中益氣、清熱涼血、健脾止渴、利腸胃
	烏雞肉 [P192]	蛋白質、維他命E、膽固醇、鈣、鉀、磷	滋陰補腎、養血添精、益肝退熱、增強免疫力
	蝸牛肉 [P204]	脂肪、蛋白質、碳水化合物、熱量、水分	清熱解毒、消腫止痛、平喘理氣、促進消化
	鴨蛋 [P216]	維他命A、維他命B₂、鈣、鐵、硒	滋陰清熱、生津益胃、清肺、豐肌除熱
海鮮類	海參 [P85]	蛋白質、維他命E、鎂、鈣、硒、鉀、鐵	補腎壯陽、益精填髓、補血養顏、抗衰老、改善便秘
	鯇魚 [P86]	蛋白質、鈣、磷、鐵、維他命A、維他命E、鎂	澤膚養髮、強心補腎、舒筋活血、消炎化痰
	海帶 [P87]	維他命B₁、維他命B₂、維他命E、粗蛋白、鐵	補腎壯陽、益精填髓、補血養顏、調節新陳代謝
	蝦 [P101]	蛋白質、維他命E、鈣、鎂、鋅	補腎壯陽、益氣止痛、通乳養血、化痰解毒
	泥鰍 [P103]	維他命A、維他命E、鈣、鐵、鋅	暖中益氣、益腎助陽、提高免疫力、袪濕退黃
	鯽魚 [P104]	蛋白質、維他命、鈣、鉀、磷	健脾利濕、和中開胃、活血通絡、增強體質

分類	食物名	主要營養素	食物功效
海鮮類	紫菜 [P115]	蛋白質、維他命A、維他命C、鈣、鐵、硒	清熱利水、補腎養心、化痰軟堅、提高免疫力
	海蜇 [P139]	脂肪、蛋白質、維他命A、鈣	清熱解毒、化痰軟堅、降壓消腫、擴張血管
	扇貝 [P142]	脂肪、蛋白質、維他命E、維他命B₂	滋陰補腎、和胃調中、降血脂、預防心臟病
	田螺 [P143]	脂肪、蛋白質、維他命E、維他命B₂	清熱明目、利水通淋、解暑、止渴
	沙丁魚 [P175]	蛋白質、維他命E、維他命B₂、維他命B₃、脂肪、鈣	健脾養胃、補虛健腦、抗老防癌、保護心臟血管
	鱸魚 [P177]	維他命A、維他命E、脂肪、蛋白質、維他命B₃、鈣	補五臟、益筋骨、和腸胃、治水氣
	鱔魚 [P178]	脂肪、鐵、蛋白質、維他命、維他命B₃、磷、鈣	補氣養血、補肝脾、強筋骨、祛風通絡
	鯧魚 [P180]	脂肪、鋅、蛋白質、維他命E、維他命B₃、鈣、鐵	健脾開胃、安神止痢、益氣填精、柔筋利骨
	螃蟹 [P201]	脂肪、蛋白質、維他命E、維他命B₃、鈣、鐵、鋅	清熱解毒、補骨添髓、養筋活血、清熱解毒、滋補身體
	鯉魚 [P205]	脂肪、蛋白質、維他命A、維他命E	益氣健脾、利水消腫、下氣通乳、安胎止咳
	魷魚 [P219]	蛋白質、維他命E、維他命B₂、脂肪、鈣	補虛潤膚、維持骨骼牙齒健康、預防貧血和心血管疾病

附錄3：營養元素分類表

營養素	功能	缺乏症	過多症	主要食物來源
維他命A	保護視力，維持上皮組織和黏膜的免疫、健康功能	乾眼症、夜盲症、角膜軟化症、皮膚乾燥	頭痛、眩暈、噁心、嘔吐、視力模糊、嬰兒腦門鼓脹	動物肝臟；鱔魚；番薯、南瓜等；木瓜、芒果等；紅蘿蔔、蘆筍、菠菜等
維他命D	協助鈣與磷的吸收和利用、協助骨骼的正常發育、與神經傳導和肌肉收縮有關	兒童佝僂症、成人和老年人骨質疏鬆症	噁心、嘔吐、高血鈣症、食慾不振、憂鬱	動物肝臟；鱈魚等；木耳、香菇、雞蛋等
維他命E	抗氧化作用、維持生殖機能	皮膚乾燥、肌肉萎縮以及不孕症	骨質疏鬆	紫菜、海帶；燕麥、糙米、紫米；動物肝臟；雞蛋
維他命K	促進血液在傷口凝固、協助強化骨骼	容易皮下出血	尚未發現	青瓜、菠菜、椰菜花等蔬菜類；動物肝臟
維他命B$_1$	促進糖類代謝、保持神經機能正常、預防及治療腳氣病和神經炎	腳氣病、手腳麻痹、末梢多發性神經炎、倦怠、暴躁	尚未發現	燕麥、糙米、紫米、綠豆、紅豆；豬肉、羊肉、牛肉、雞肉；動物肝臟；蝦
維他命B$_2$	幫助蛋白質、脂肪以及糖類的代謝，促進皮膚、頭髮和指甲的生長與再生	口唇乾裂、口角炎、舌炎、喉嚨痛、脂溢性皮膚炎	尚未發現	動物肝臟；豬肉、羊肉、雞肉、牛肉、鴨肉等；螃蟹、蝦等；紫米、綠豆、紅豆、芝麻；木瓜；菠菜
維他命B$_3$	蛋白質、脂肪以及糖類的輔酶、維持皮膚及神經系統的健康	癩皮病、口角炎、舌炎、腹瀉、嘔吐、消化不良、抑鬱	血管擴張、皮膚發紅、消化道和肝臟機能障礙	糙米、紫米、綠豆、紅豆、粟米等；動物肝臟、雞蛋、豬肉、牛肉、雞肉、鴨肉等
維他命B$_5$	輔酶的構成成分，協助蛋白質、脂肪、糖類的代謝	疲倦、急躁	尚未發現	糙米、紫米、燕麥、粟米、黃豆等；動物肝臟；豬肉、羊肉、牛肉、鴨肉、雞肉
維他命B$_6$	幫助氨基酸的合成與分解，促進脂肪的代謝，神經傳導物質的合成成分	皮炎、舌炎、口腔炎、小球型貧血、嬰兒抽搐	周邊神經炎、末梢感覺神經病變	動物肝臟、豬肉、鴨肉、牛肉、雞肉等；綠豆、紅豆、糙米、紫米、黃豆、黑豆等；食用菌類

營養素	功能	缺乏症	過多症	主要食物來源
葉酸	幫助紅血球生成、預防惡性貧血、促進核酸及蛋白質的形成、使胎兒正常發育	巨球型貧血症、生長遲緩	痙攣	紫菜、紅蘿蔔、椰菜花、蘆筍、菠菜等蔬菜類；動物肝臟、豬肉、牛肉、雞肉等肉類；鱔魚等魚類
維他命B12	幫助紅血球生成、維持中樞神經的機能傳導和肌肉收縮有關	惡性貧血、四肢刺痛麻木、注意力難集中、無胃口	尚未發現	鱸魚、螃蟹、蝦等海鮮類；動物內臟、豬肉、雞肉等肉類；雞蛋、鴨蛋等
維他命H	維持皮膚和頭髮健康、幫助蛋白質、脂肪和糖類的代謝	皮膚炎、嬰兒成長遲緩、脫毛、末梢感覺異常、嗜睡	尚未發現	動物肝臟、豬肉、羊肉、牛肉、雞肉等肉類；椰菜花、菠菜等蔬菜類
維他命C	抗氧化、促進膠原蛋白的生成、促進鐵吸收	壞血病、呼吸短促、貧血、嬰幼兒生長遲緩、易感染	嘔吐、噁心、腹瀉以及腹部痙攣	椰菜、小白菜、椰菜花等蔬菜類；奇異果、龍眼、柚子、木瓜、芒果等水果類
鉀	維持體內水分平衡與體液滲透壓、促進熱量代謝	食慾不振、虛脫	高血鉀症、心律不齊	海藻類；食用菌類；菠菜、韭菜、椰菜花、蘆筍、竹筍等蔬菜類；綠豆、紫米、燕麥等穀類
鈣	構成骨骼和牙齒的成分、維持心跳和肌肉收縮以及神經正常、使血液凝固	抽筋、影響神經傳導、骨質疏鬆、易骨折	腎結石、高血鈣症、乳鹼	雞蛋、鴨蛋等蛋類；魷魚、螃蟹、蝦、海參、沙丁魚、鱔魚等魚類；黃豆、綠豆、紅豆、蓮子等穀類
鎂	幫助體內酶的運作、構成骨骼的成分、抑制神經興奮	骨質疏鬆、肌肉顫抖、神經過敏、神經錯亂	腹瀉	海藻類；菠菜等蔬菜類；綠豆、紅豆、黃豆、糙米、紫米、燕麥等穀類
磷	構成骨骼和牙齒的主要成分、組織細胞核蛋白質的重要成分	低磷血症、減緩成長、軟骨症、代謝性酸中毒	高磷血症、非骨骼組織鈣化	雞蛋、鴨蛋等蛋類；螃蟹、蝦、魷魚、鱔魚、鱸魚等海鮮類
鐵	血紅蛋白的主要構成成分、部分酶的組成成分	貧血、缺乏體力、抵抗力減弱、臉色蒼白	嘔吐、噁心、便秘	動物內臟、豬肉、鴨肉、牛肉等肉類；雞蛋、皮蛋等蛋類

營養素	功能	缺乏症	過多症	主要食物來源
鋅	許多酶的構成成分，促進細胞合成和新陳代謝、維持生殖機能正常	味覺遲鈍、無食慾、傷口癒合緩慢、胚胎畸形、生殖腺機能不足	嘔吐、噁心、抑制免疫反應	螃蟹、蝦、魷魚、鱔魚等海鮮類；動物內臟、豬肉、牛肉等肉類
鈉	調節細胞內外液、維持體內水分平衡與體液滲透壓、維持體內酸鹼平衡	噁心、腹部抽筋、酸鹼不平衡、疲倦	血壓上升、浮腫、高血壓、腎臟病	雞蛋、皮蛋等蛋類；海藻類；海蜇、蝦、螃蟹、扇貝等海鮮類
碘	甲狀腺球蛋白的組成成分、促進基礎代謝	甲狀腺腫大、心理障礙、生長發育異常	甲狀腺炎、過敏反應、甲狀腺乳頭癌、甲狀腺功能亢進	海帶、紫菜等海藻類；蝦、沙丁魚等海鮮類
硒	與維他命E的協同作用、防止細胞氧化、有助於防癌和抗衰老	未知	腸胃不適、皮膚疹、指甲易碎裂、神經系統異常	魷魚、沙丁魚等海鮮類；海藻類；動物內臟、雞肉等
銅	多種酶的組成成分、與血紅蛋白的製造有關、協助鐵的吸收利用	貧血	尚未發現	動物肝臟；螃蟹、蝦等海鮮類；糙米、綠豆等穀類
碳水化合物	熱量來源、調節生理機能、參與細胞和神經組織的構成	體重下降、血糖降低、生長發育遲緩	蛀牙、肥胖	燕麥、大米、糙米、紫米、綠豆、紅豆、南瓜、粟米等穀類
蛋白質	構成及修補細胞和組織的主要物質、維持人體生長發育、調節生理機能	成長遲滯、抵抗力差、疲倦、身體乏力	腎功能障礙、心血管疾病、鈣排泄量增大	鱔魚、魷魚、螃蟹、蝦等海鮮類；動物內臟、豬肉、羊肉等肉蛋類
脂肪	提供熱量、細胞膜和血液的構成成分、幫助脂溶性維他命的吸收	生育力降低、生長遲緩、皮膚粗糙	動脈硬化、肥胖、易誘發糖尿病、癌症等	豬肉、牛肉、雞肉、羊肉、鴨肉等肉類；魷魚等魚類
膳食纖維	改善腸內環境、促進有害物質排泄、延緩血糖上升的速度	痔瘡、便秘、腸道環境惡化、腸癌罹患率增高	脹氣、腹瀉、抑制礦物質的吸收	奇異果、百香果、柳橙等水果類；茄子、紅蘿蔔等蔬菜類

附錄4：100種健康食物筆劃索引

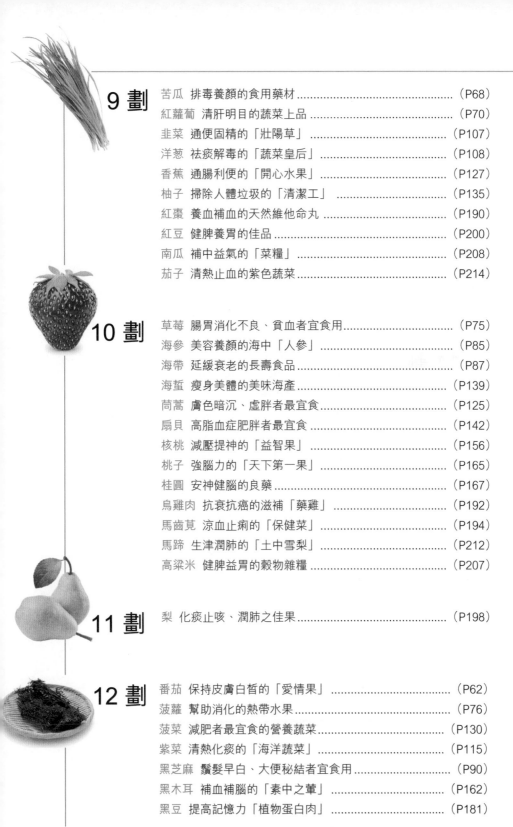

100款最優健康食物速查全書

作者
于雅婷　孫平

責任編輯
Karen Kan　Catherine Tam

美術設計
陳翠賢

排版
劉葉青　辛紅梅

出版者
萬里機構出版有限公司
香港鰂魚涌英皇道1065號東達中心1305室
電話：2564 7511
傳真：2565 5539
電郵：info@wanlibk.com
網址：http://www.wanlibk.com
　　　http://www.facebook.com/wanlibk

發行者
香港聯合書刊物流有限公司
香港新界大埔汀麗路36號
中華商務印刷大廈3字樓
電話：2150 2100
傳真：2407 3062
電郵：info@suplogistics.com.hk

承印者
中華商務彩色印刷有限公司
香港新界大埔汀麗路36號

出版日期
二零一九年九月第一次印刷

免責聲明：本書的出版宗旨是希望廣大讀者了解更多養生保健知識及疾病
預防常識，如讀者懷疑患上疾病，請尋求專業醫護人員的檢查及治療，以
免耽誤病情。本書並非專業的醫療手冊，不能代替專業醫生的診症。